高等学校“十一五”精品规划教材

变电站电气部分

主　编　朴在林　王立舒

副主编　李东明　何东钢

参　编　王　俊　杨　晨

主　审　张长利

中国水利水电出版社

www.waterpub.com.cn

内 容 提 要

全书共分为八章，主要内容包括：变电工程设计程序、开关电器和互感器的工作原理及性能分析、电气主接线设计原理、电气设备的发热和电动力计算、电气设备选择方法及电气布置、接地装置。

本书可作为各高校农业电气化与自动化、电气工程及其自动化专业的本科教材，也可作为高职高专院校相关教材和从事电气设计、安装、运行维护等专业人员的参考书。

图书在版编目（CIP）数据

变电站电气部分/朴在林，王立舒主编．—北京：中国水利水电出版社，2008（2017.2 重印）
高等学校“十一五”精品规划教材
ISBN 978-7-5084-5551-8

Ⅰ．变… Ⅱ．①朴…②王… Ⅲ．变电所-电气设备-高等学校-教材 Ⅳ．TM63

中国版本图书馆 CIP 数据核字（2008）第 094101 号

书　　名	高等学校“十一五”精品规划教材 **变电站电气部分**
作　　者	主编　朴在林　王立舒
出版发行	中国水利水电出版社 （北京市海淀区玉渊潭南路 1 号 D 座　100038） 网址：www.waterpub.com.cn E-mail：sales@waterpub.com.cn 电话：（010）68367658（营销中心）
经　　售	北京科水图书销售中心（零售） 电话：（010）88383994、63202643、68545874 全国各地新华书店和相关出版物销售网点
排　　版	中国水利水电出版社微机排版中心
印　　刷	北京嘉恒彩色印刷有限责任公司
规　　格	184mm×260mm　16 开本　9.5 印张　225 千字
版　　次	2008 年 7 月第 1 版　2017 年 2 月第 5 次印刷
印　　数	13001—15000 册
定　　价	**24.00** 元

凡购买我社图书，如有缺页、倒页、脱页的，本社营销中心负责调换

版权所有·侵权必究

前　言

本书是由全国高等农业院校电学科教材研究会组织编写的高等学校“十一五”精品规划教材之一，也是为贯彻落实教育部《关于进一步加强高等学校本科教学工作的若干意见》和《教育部关于以就业为导向深化高等职业教育改革的若干意见》的精神，结合全国高等农业院校农业工程学科、农业电气化与自动化专业的规范而编写的。本书可作为高职高专院校相关教材和从事电气设计、安装、运行维护等专业人员的参考书。

本书系统地介绍了变电所的电气部分，其内容主要包括农村变电站的设计程序、开关电器和互感器的基本原理及性能分析、电气主接线的设计原理、电气设备的发热计算和选择、电气布置及接地装置等，同时书中附有一些简单明了的应用例题和习题。本书的编写过程中，系统地总结和吸收了各院校教学改革的有益经验，注重理论的系统性和实用性，力求所学知识与当前变电工程的实际相结合。

参加本书编写的单位有：沈阳农业大学、东北农业大学、河北农业大学、大连水产学院等院校。编写人员：朴在林、王立舒、李东明、何东钢、王俊、杨晨。东北农业大学张长利教授担任主审，及时地提出修改和补充意见，为保证本书的质量起到了重要作用；另外，本书的编写参考了许多重要文献，特别是参考了同类教材《变电所电气部分》，在此对本书参考文献及其编者一并表示感谢。

由于编者水平有限，不妥之处在所难免，恳请读者多多指教。

作　者

2012年2月

目　录

前言
第一章　概述……………………………………………………………………1
　第一节　发电厂和变电站简介………………………………………………1
　第二节　变电站设计程序内容及要求………………………………………7
　思考题…………………………………………………………………………10
第二章　开关电器……………………………………………………………11
　第一节　开关电器的用途和分类……………………………………………11
　第二节　开关电器中电弧的产生和熄灭……………………………………11
　第三节　六氟化硫断路器……………………………………………………15
　第四节　真空断路器…………………………………………………………20
　第五节　高压负荷隔离开关…………………………………………………23
　第六节　隔离开关……………………………………………………………28
　第七节　重合器和分段器……………………………………………………28
　第八节　熔断器………………………………………………………………36
　思考题…………………………………………………………………………38
第三章　互感器………………………………………………………………40
　第一节　概述…………………………………………………………………40
　第二节　电流互感器…………………………………………………………40
　第三节　电压互感器…………………………………………………………47
　思考题…………………………………………………………………………51
第四章　电气主接线…………………………………………………………52
　第一节　电气主接线的基本要求和设计原则………………………………52
　第二节　单母线接线…………………………………………………………55
　第三节　双母线接线…………………………………………………………58
　第四节　桥形接线……………………………………………………………59
　第五节　多角形接线…………………………………………………………60
　第六节　单元接线……………………………………………………………61
　第七节　主接线典型方案举例………………………………………………63
　第八节　主接线方案的经济比较……………………………………………68
　思考题…………………………………………………………………………70
第五章　电气设备的发热和电动力计算……………………………………72
　第一节　电气设备的允许温度………………………………………………72
　第二节　导体的长期发热计算………………………………………………74

第三节 导体短路时的发热计算 …… 76
第四节 导体短路时的电动力计算 …… 81
思考题 …… 84
第六章 电气设备选择 …… 86
第一节 电气设备选择的一般条件 …… 86
第二节 母线及电力电缆的选择 …… 88
第三节 断路器及隔离开关的选择 …… 98
第四节 熔断器的选择 …… 102
第五节 支柱绝缘子及穿墙套管的选择 …… 104
第六节 电压互感器的选择 …… 107
第七节 电流互感器的选择 …… 111
思考题 …… 115
第七章 配电装置 …… 116
第一节 屋内、外配电装置的安全净距 …… 116
第二节 屋内配电装置 …… 119
第三节 屋外配电装置 …… 122
思考题 …… 124
第八章 接地装置 …… 125
第一节 保护接地 …… 125
第二节 接地装置的接地电阻允许值 …… 128
第三节 接地装置的布置 …… 129
第四节 接地装置的计算 …… 131
第五节 导泄雷电流的接地装置 …… 140
思考题 …… 143
参考文献 …… 144

第一章　概　　述

第一节　发电厂和变电站简介

一、发电厂简介

发电厂是把各种一次能源（如燃料的化学能、水能、风能等）转换成电能的工厂。发电厂所生产的电能，一般还要由升压变压器升压，经高压输电线输送，再由变电站降压，才能供给各种不同用户使用。

1. 火力发电厂简介

以煤炭、石油或天然气为燃料的发电厂称为火力发电厂。火力发电厂中的原动机一般为汽轮机，也有少数电厂采用柴油机和燃气轮机作为原动机。

火力发电厂分类如下。

（1）按照燃料分：燃煤发电厂、燃油发电厂、燃气发电厂、余热发电厂。

（2）按输出能源分：凝汽式发电厂（只向外供应电能）、热电厂（同时向外供应电能和热能）。

（3）按发电厂总装机容量分：小容量发电厂（100MW 以下）、中容量发电厂（100～250MW）、大中容量发电厂（250～1000MW）、大容量发电厂（1000MW 及以上）。

（4）按蒸汽压力和温度分类如下。

中低压发电厂：蒸汽压力 3.92MPa，温度 450℃，单机功率小于 25MW。

高压发电厂：蒸汽压力 9.9MPa，温度 540℃，单机功率小于 100MW。

超高压发电厂：蒸汽压力 13.83MPa，温度 540℃，单机功率小于 200MW。

亚临界压力发电厂：蒸汽压力 16.77MPa，温度 540℃，单机功率为 300～1000MW。

超临界压力发电厂：蒸汽压力大于 22.11MPa，温度 550℃，机组功率 600MW、800MW 以上。

2. 火电厂的电能生产过程

（1）凝汽式火电厂。在这类电厂中，锅炉产生蒸汽，经管道送到汽轮机，带动发电机发电。已做过功的蒸汽，进入凝汽器内冷却成水，又重新送回锅炉使用。由于在凝汽器中，大量的热量被循环水带走，故一般凝汽式火电厂的效率都很低，即使是现代的高温高压或超高温高压的轻汽式火电厂，效率也只有 30%～40%。通常简称凝汽式火电厂为火电厂。图 1-1 是凝汽式电站的生产过程原理；图 1-2 是凝汽式燃煤电厂的生产过程示意图。

生产过程是把燃煤用输煤带从煤场运至煤斗中。大型火电厂为提高燃煤效率都是燃烧煤粉。因此，煤斗中的原煤要先送至磨煤机内磨成煤粉。磨碎的煤粉由热空气携带经排粉风机送入锅炉的炉膛内燃烧。煤粉燃烧后形成的热烟气沿锅炉的水平烟道和尾部烟道流动，放出热量，最后进入除尘器，将燃烧后的煤灰分离出来。洁净的烟气在引风机的作用

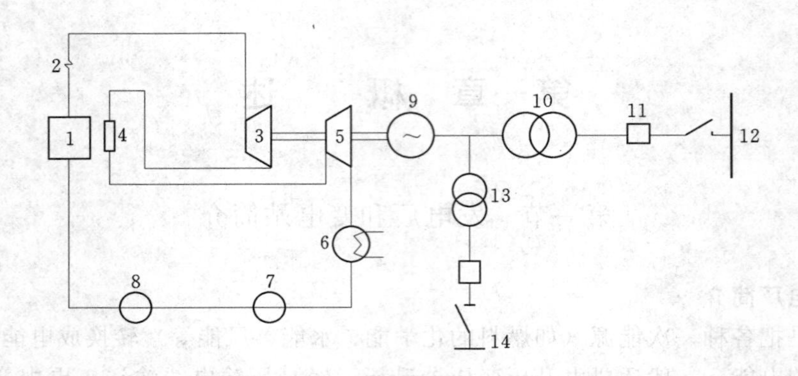

图 1-1 凝汽式电站的生产过程原理

1—锅炉；2—蒸汽过热器；3—汽轮机高压段；4—中间蒸汽过热器；
5—汽轮机低压段；6—凝汽器；7—凝结水泵；8—给水泵；
9—发电机；10—主变压器；11—断路器；12—主母线；
13—站用变压器；14—厂用电高压母线

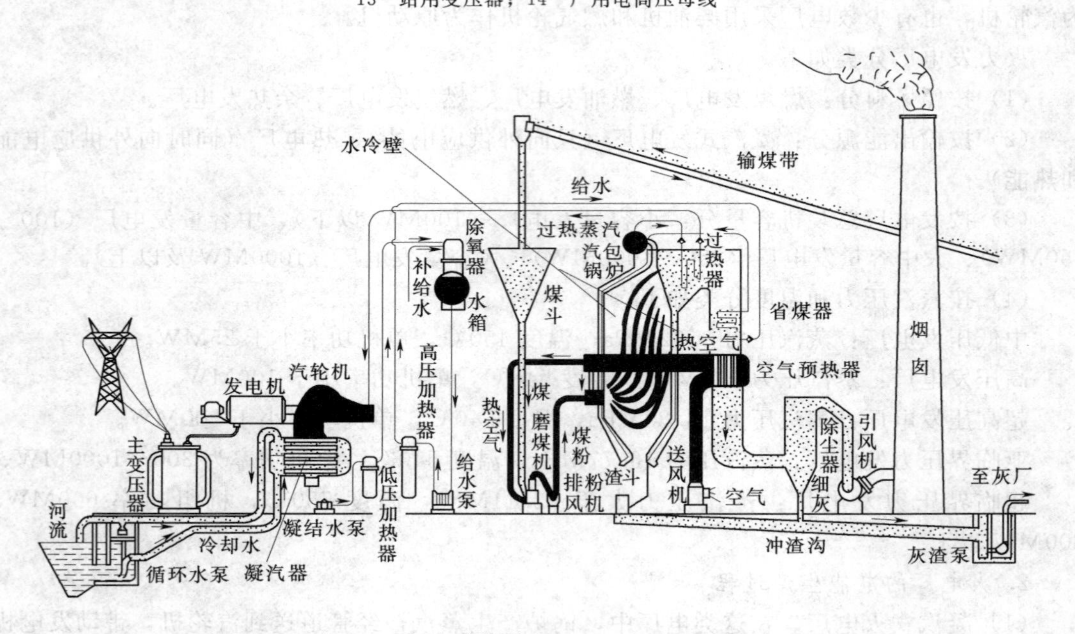

图 1-2 凝汽式燃煤发电厂生产过程示意图

下通过烟囱排入大气。助燃用的空气由送风机送入装设在尾部烟道上的空气预热器内，利用热烟气加热空气。这样，一方面除使进入锅炉的空气温度提高，易于煤粉的着火和燃烧外；另一方面也可以降低排烟温度，提高热能的利用率。从空气预热器排出的热空气分为两股：一股去磨煤机干燥和输送煤粉，另一股直接送入炉膛助燃。燃煤燃尽的灰渣落入炉膛下面的渣斗内，与从除尘器分离出的细灰一起用水冲至灰浆泵房内，再由灰浆泵送至灰场。在除氧器水箱内的水经过给水泵升压后通过高压加热器送入省煤器。在省煤器内，水受到热烟气的加热，然后进入锅炉顶部的汽包内。在锅炉炉膛四周密布着水管，称为水冷壁。水冷壁水管的上、下两端均通过连箱与汽包连通，汽包内的水经由水冷壁不断循环，吸收着煤燃烧过程中放出的热量。部分水在水冷壁中被加热沸腾后汽化成水蒸气，这些饱和蒸汽由汽包上部流出进入过热器中。饱和蒸汽在过热器中继续吸热，成为过热蒸汽。过热蒸汽有很高的压力和温度，因此有很大的热势能。具有热势能的过热蒸汽经管道引入汽轮机后，便将热势能转变成动能。高速流动的蒸汽推动汽轮机转子转动，形成机械能。汽轮机的转子与发电机的转子通过联轴器连在一起。当汽轮机转子转动时便带动发电机转子转动。在发电机转子的另一端带着一个小直流发电机，称为励磁机。励磁机发出的直流电送至发电机的转子线圈中，使转子成为电磁铁，周围产生磁场。当发电机转子旋转时，磁场也是旋转的，发电机定子内的导线就会切割磁力线感应产生电流。这样，发电机便把汽轮机的机械能转变为电能。电能经变压器将电压升压后，由输电线送至电用户。

释放出热势能的蒸汽从汽轮机下部的排汽口排出，称为乏汽。乏汽在凝汽器内被循环水泵送入凝汽器的冷却水冷却，重新凝结成水，此水称为凝结水。凝结水由凝结水泵送入低压加热器并最终回到除氧器内，完成一个循环。在循环过程中难免有汽水的泄漏，即汽水损失，因此要适量地向循环系统内补给一些水，以保证循环的正常进行。高、低压加热器是为提高循环的热效率所采用的装置，除氧器是为了除去水含的氧气以减少对设备及管道的腐蚀。

以上分析虽然较为繁杂，但从能量转换的角度看却很简单，即燃料的化学能→蒸汽的热能→机械能→电能。在锅炉中，燃料的化学能转变为蒸汽的热能；在汽轮机中，蒸汽的热能转变为轮子旋转的机械能；在发电机中机械能转变为电能。炉、机、电是火电厂中的主要设备，亦称三大主机。与三大主机相辅工作的设备称为辅助设备或称辅机。主机与辅机及其相连的管道、线路等称为系统。火电厂的主要系统有燃烧系统、汽水系统、电气系统等。除了上述的主要系统外，火电厂还有其他一些辅助生产系统，如燃煤的输送系统、水的化学处理系统、灰浆的排放系统等。这些系统与主系统协调工作，它们相互配合完成电能的生产任务。大型火电厂为了保证这些设备的正常运转，中安装有大量的仪表，用来监视这些设备的运行状况，同时还设置有自动控制装置，以便及时地对主、辅设备进行调节。现代化的火电厂，已采用了先进的计算机分散控制系统。这些控制系统可以对整个生产过程进行控制和自动调节，根据不同情况协调各设备的工作状况，使整个火电厂的自动化水平达到了新的高度。自动控制装置及系统已成为火电厂中不可缺少的部分。

(2) 供热式发电厂（热电厂）。它与凝汽式火电厂不同之处主要在于汽轮机中一部分做过功的蒸汽，在中间段被抽出来供给热用户使用，或经热交换器将水加热后，供给用户热水。热电厂通常都建在热用户附近，它除发电外，还向用户供热，这样可以减少被循环水带走的热量损失，提高总效率。现代热电厂的总效率可高达60%～70%。

另外，重要的大型厂矿企业往往建设专用电厂作为自备电源，这类电厂的原动机一般为小型汽轮机或柴油机。单独来看，这种发电厂的生产往往不经济，但它可起到后备保障作用，若能和其他能源供应结合起来综合利用，其经济效益将有所提高。

3. 水力发电厂

水力发电厂是把水的位能和动能转变为电能的工厂，它的原料是水。根据水力枢纽布置的不同，水力发电厂又可分为堤坝式、引水式等。

(1) 堤坝式水电厂。在河床上游修建拦河坝，将水积聚起来，抬高上游水位形成发电水头，进行发电，这种水电厂称为堤坝式水电厂。通常，堤坝式水电厂又细分为坝后式水电厂和河床式水电厂两种。

坝后式水电厂——这种水电厂的厂房建在坝的后面，全部水头压力由坝体承受，水库的水由压力水管引入厂内推动水轮发电机组发电。坝后式水电厂适合于高、中水头的场合。

河床式水电厂——这种水电厂的厂房和挡水堤坝连成一体，厂房也起挡水作用，由于厂房就修建在河床中，故称河床式。河床式水电厂的水头一般较低，大都在 20～30m 范围内。如图 1-3（a）、（b）所示为水电站全景。

(a)

(b)

图 1-3　水电站全景

（a）四川攀枝花二滩水电站全景；（b）岩滩水电站全景

（2）引水式水电厂。这种水电厂建筑在山区水流湍急的河道上或河床坡度陡峭的地段，由引水渠道提供水头，且一般不需要修筑堤坝，只修低堰即可。

水电站的建设一般被列入综合利用水资源项目：发电、内河航运及灌溉。水电站通常均建有水库以便于蓄积水量和调节水的消耗以保证水资源的最佳利用。水电站的运行方式应保证系统中其他热电站、原子能电站等消耗燃料为最小。因此，一般在丰水期满载运行以免弃水，在枯水期承担尖峰负荷。效益最佳的运行方式往往取决于多种因素并由相应的优化计算来确定。水电机组的特点是能快速启动与停运，并能在运行中由空载到满载大幅度地改变负荷。水轮发电机的轴较汽轮发电机短，因此其热变形也较小，使之能适应负荷的快速变化。在水轮发电机自动化设备的控制与调节下，水轮发电机组从启动到带满负荷仅需几分钟。

与火力发电厂相比，水力发电厂的生产过程较简单，易于实现生产过程的自动化，检修工作人员也较少，因此所需运行和检修人员较火力发电厂少得多。由于水力发电厂在运行中不消耗燃料，其他运行支出也不多，所以年运行费用很少，因此凡是有条件的地方，应积极发展水电。

二、变电站类型

电力系统的变电站可分为两大类：①发电厂的变电站，称为发电厂的升压变电站，其作用是将发电厂发出的有功功率及无功功率送入电力网，因此其使用的变压器选升压型，低压为发电机额定电压，高、中压主分接头电压为电网额定电压的110%；②电力网的变电站，一般选用降压型变压器，即作为功率受端的高压主分接头电压为电网额定电压，功率送端中、低压主分接头电压为电网额定电压的110%。具体选择应根据电力网电压调节计算来确定。变电站在电力系统中位置示意如图1－4所示，外观如图1－5所示。

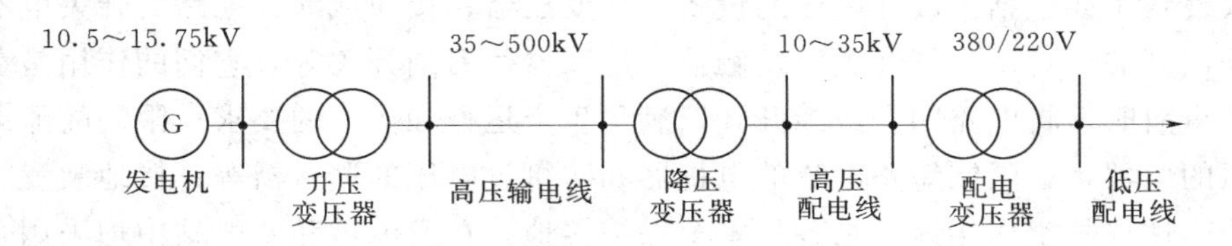

图1－4　变电站在电力系统中位置示意图

电力网的变电站可分为三种：

（1）枢纽变电站。其主要作用是联络本电力系统中的各大电厂与大区域或大容量的重要用户，并实施与远方其他电力系统的联络，是实现联合发、输、配电的枢纽，因此其电压最高，容量最大，是电力系统的最上层变电站。

（2）区域变电站。其主要作用是对一个大区域供电，因此其高压进线来自枢纽变电站或附近的大型发电厂，其中、低压对多个小区域负荷供电，并可能接入一些中、小型电厂。区域变电站是电力系统的中层变电站。

（3）配电变电站。其主要作用是对一个小区域或较大容量的工厂供电，是电力系统最下层的变电站。其低压出线分布于该小区，沿途接入小容量变压器，降压供给小容量的生产和生活用电。工厂内则下设车间变电站对各车间供电。

重要的工厂可能设自备电厂，该电厂也接入配电变电站的低压母线。正常运行时自备

(a)

(b)

图 1-5　220kV 一次变电站外观
(a) 220kV 变电站户外布置；(b) 220kV 变电站进线布置

电厂除供给本厂负荷外还可能有剩余功率对外输出，这时该变电站实际上为自备电厂的升压变电站。当自备电厂停运时，外部电力系统经该变电站将功率送入，这时该变电站为一降压变电站，因此常称此种变电站为工厂与电力系统的联络变电站，考虑功率的双向传送，其变压器可按需要选用有载调压变压器。

1. 变电站一次电气设备

一次设备主要包括：改变电压的设备，如变压器；接通或断开电路的开关电器，如断路器、隔离开关、自动空气开关、接触器、熔断器、刀闸开关等，它们的作用是在正常运行或发生事故时，将电路闭合或断开，以满足生产运行和操作的要求；限制故障电流和防御过电压的电器，如限制短路电流的电抗器和防御过电压的避雷器等；接地装置，无论是电力系统中性点的工作接地还是各种安全保护接地，在发电厂和变电站中均采用金属接地体埋入地中或连接成接地网组成接地装置；载流导体，如母线、电力电缆等。它们按设计要求，将有关电气设备连接起来。

2. 变电站二次电气设备

在发电厂与变电站中，除上述一次设备外，还有一些辅助设备，它们的任务是对一次设备进行测量、控制、监视和保护等，这些设备称为二次设备。

二次设备主要包括：仪用互感器，如电压互感器和电流互感器，它们将一次电路中的电压和电流降至较低的值，供给仪表和保护装置使用；测量仪表，如电压表、电流表、功率表、功率因数表等，它们用于测量一次电路中的运行参数值；继电保护及自动装置，它们用以迅速反映电气故障或不正常运行情况，并根据要求进行切除故障或作相应的调节；直流设备，如直流发电机组、蓄电池、整流装置等，它们供给保护、操作、信号及事故照明等设备的直流用电；信号设备及控制电缆等，信号设备给出信号或显示运行状态标志，控制电缆用于连接二次设备。

第二节 变电站设计程序内容及要求

一、设计程序

电力设计部门承接设计任务，主要以上一级电力部门或计委的计划任务书作为依据。按规定，只有接到计划任务书以后，设计部门才能开始设计。投资较多、工程技术难度较大的项目要由国家电力公司甚至国家发展改革委下达设计任务书，投资较小的项目则由地方电力部门或计划部门下达计划任务书。

设计部门接到计划任务书以后就开始组织设计，首先是搜集必要的原始资料，同时要和供电部门商定有关的原则问题。搜集的资料应当包括以下内容：

(1) 地质、气象资料

土质；地形；水文；气温、气压；风向、风速；冻结深度；降雨量；雷电活动情况。

(2) 电力系统的资料

电源的分布；附近系统的接线；系统的电压等级；系统的容量；网络的参数；中性点的接地方式；电源的数目；进线方向。

(3) 负荷资料

新建变电站的供电负荷类型及供电半径；近期 5～10 年发展负荷的资料；负荷的总容量；进、出线电压等级及进出线数目。

(4) 对扩建变电站还必须了解原有的设计、运行安装及设备情况。

在了解以上资料的基础上，要进行所址选择，变电站的所址应符合下列要求：

(1) 接近负荷中心。

(2) 不占或少占农田。

(3) 便于各级电压线路的引入和引出，架空线走廊与所址同时确定。

(4) 交通运输方便，工程量小。

(5) 具有适宜的地质条件（如避开断层、滑陷区、溶洞地带等），如果所址选在有矿藏的地区，应征得有关部门的同意，避开有危岩和易发生滚石的场所。

(6) 尽量不设在空气污秽地区，否则应采取防污措施或设在污源的上风侧。

(7) 变电站的所址标高宜在 50 年一遇的高水位之上，否则应有防护设施。

(8) 所址不应为积水淹浸，山区变电站的防洪设施应满足泄洪要求。

(9) 具有生产和生活用水的可靠水源。

(10) 适当考虑职工生活上的方便。

(11) 确定所址时应考虑对邻近设施的影响。

在许多情况下设计任务书已经规定了变电站的位置、类型、系统供电方式，供电电压以至主变压器容量等。有些情况下设计人员还要求必须深入现场会同供电部门一起进行实地调查并一起讨论确定一些原则性问题。

(1) 按选所条件审定变电站所址是否合理。

(2) 变电站的供电电压是否合理，是否符合网络发展规划。

(3) 变压器容量及进、出线数目。

(4) 变电站扩建的可能性，分期建设的年限。

(5) 运行上的要求。

(6) 设备的选择以及货源的方向。

在确定以上这些问题的基础上，按规定，设计分两个阶段进行，设计的第一阶段叫做初步设计，第二阶段叫做施工设计，只有当初步设计经过规定的上一级部门批准以后，才能着手进行施工设计。

二、初步设计的内容

初步设计的主要任务是确定方案，并为订货提供数据。按规定，只有当初步设计被批准以后才能向供应部门提出订货要求。电力设备的订货是通过订货会议或招标的形式进行的，举办订货会议或招标的条件之一是应具有被批准了的初步设计。

由于初步设计只解决方案问题，所以也就不要求做得很详细，主要是通过初步设计证明所提方案是可行的，即占地面积小、投资少、便于运行检修和施工。

一座变电站的初步设计大致包括以下几部分内容。

1. 说明书

要用简明的文字说明设计的依据，建设的必要性及规模，占地面积和建筑面积的大小，主接线方案的特点，短路电流大小及选用设备情况，所用电、直流系统配电装置，通信系统及保护方面的新技术等。

2. 计算书

一般包括以下几部分：

(1) 短路电流计算及电气设备选择。

(2) 配电装置尺寸的确定和校验。

(3) 架构受力的计算。

(4) 直流设备及通信系统的选择。

以上4项中，第（1）项是每一个变电站设计都不可缺少的，其他3项则根据具体情况确定是否要有这些内容。例如，基本上是参考典型设计的配电装置，则不需论证尺寸，如果提出的是一种新颖布置，又因无过去的设计可借鉴，就要求对配电装置的尺寸进行论证。

3. 图纸

(1) 主接线图。这是最重要的一张图纸，是所有其他图纸的依据。主接线图除了要表明各种电气设备有相互联系以外，还应表明设备的规范、防侵入电波及感应雷的措施、中性点接地方式、电压互感器及电流互感器的配置等。

主接线图应反映本期工程和远景的区别，一般用实线表示本期工程，用虚线表示远景工程。

(2) 总平面布置接线图。总平面布置接线图上应清晰地标明各种电气设备的相互距离，其中包括纵向尺寸和横向尺寸两种。纵向尺寸反映从围墙起经各种设备、道路、变压器、室内配电装置、出线构架，直到另一围墙为止的距离。横向尺寸表达各并列间隔内部以及间隔和间隔之间的距离等。

总平面布置接线图只能在各种间隔尺寸确定以后才能着手绘图，这是与主接线图不同之处。总平面布置接线图虽然要在断面图初步给出以后才能着手绘制，但断面图却要在总平面布置以后按照间隔的排列顺序，接线确定的基础上才能形成。

总平面布置接线图的图纸比例应该合适。比例过大，图纸幅面小，图画不清晰，细节问题不能表达清楚，这就要用更多的局部平面图来补充，结果反而增加了工作量。比例一般是户外配电装置部分应该由总平面布置接线图表达清楚，不应再用局部平面布置接线图补充。通常用的比例是 M1：100 或 M1：200。

（3）断面图。根据主接线和总平面布置方式的不同，应有相应的断面图，一般包括出线间隔、进线（即变压器回路）间隔、母联间隔、分段间隔、电压互感器及避雷器间隔、所用电间隔等。

通过断面图主要明确布置方案能否成立，对运行、检修是否方便，安装是否有困难。断面图中一定要把设备的定位尺寸标注清楚，一般用纵向尺寸和安装高度来表达。隔离开关和断路器的操作机构在设备的哪一侧也要在断面图中表示出来，这就要求在绘投影图时把操作机构的投影表达清楚。

（4）主控制室及 10kV 配电装置平面布置图。由于总平面图的比例不能选得过小，这就不能把主控制室及 10kV 配电装置表达清楚，需要用更小比例图纸来补充。

（5）主要设备材料汇总表。这是给设备订货招标直接提供依据的一份资料，它是根据主接线图及其他图纸制定出来的，要求主要设备准确，没有遗漏。

4. 工程概算

一般由概算人员完成，要对工程的费用有个近似估计。

三、施工设计的内容

初步设计经上级审核批准后就可以着手进行施工设计。施工设计应以初步设计为依据，但并不是说初步设计所确定的方案就一点儿也不能更改。恰巧相反，在施工设计阶段，往往是因为情况有变化，认识有了提高，而对初步设计做些局部的方案修改，使设计更加合理和完善。

施工设计是施工的依据，重点要表达施工情况，因为通过审核都要有些修改，所以初步设计中的图纸在施工设计阶段还要重新绘出，并要达到施工设计的要求，详细注明尺寸和所用设备、材料。除了这些图纸以外，还应有设备安装图，它是各种设备安装的依据。在施工中如遇到非定型产品时，只能通过各级加工的办法解决，要绘制设备加工图。

由于施工设计的图纸较多，应适当分卷。如 110kV 变电站包括：总的部分、110kV 配电装置部分、35kV 配电装置部分、10kV 配电装置部分、主变安装部分、防雷接地部分、电缆敷设部分等。

在初步设计中不讨论防直击雷保护和接地网部分，因为两者都不影响方案，在施工设计中才讨论这两个问题，并绘出相应的图纸。

变电站如果要装设补偿电容器时，初步设计中只在主接线图中表示其连接关系，并在总平面布置接线图中留一安装位置，这一部分的具体施工图也在施工设计阶段解决。

如果说初步设计只要求提出主要设备和材料汇总表，在施工设计阶段就要求提出全部设备材料清单，一般在每张图纸上都应附有设备材料表，在每一个部分应有该部分的设备材料汇总表，在总的部分应有设备总表。

施工设计也有说明书，主要说明经过施工设计，对初步设计所提方案又有哪些修改。在计算书中，如果短路电流和设备选择方面没有变化，在施工设计中就不必提出计算书，只对防雷保护和接地网设计与计算两部分提出计算书。

四、变电站设计要求

(1) 设计要符合各项技术经济政策。

(2) 设计要做到节约用地，不占良田，少占农田，技术先进，经济合理，安全可靠，确保质量。

(3) 要积极推广和采用经生产实践证明是行之有效的新技术、新设备，并尽量采用标准化构件和系列产品。

(4) 设计要考虑到发展的可能性，其规模应按 5～10 年远景来规划。为节省一次投资，可根据实际负荷增长的需要分期建设。

思　考　题

1. 变电站的类型有哪些?
2. 什么叫变电站的一次设备和二次设备?
3. 简述变电站的设计程序。
4. 变电站设计都有哪些要求?

第二章　开 关 电 器

第一节　开关电器的用途和分类

在电力系统中，发电机、变压器及线路等元件，由于改变运行方式或发生故障，需将它们接入或退出时，要求可靠而灵活地进行切换操作。例如，在电路发生故障的情况下，须能迅速切断故障电流，把事故限制在局部地区并使未发生故障部分继续运行，以提高电力系统运行的可靠性；在检修设备时，隔离带电部分，保证工作人员的安全等。为了完成上述操作，在电力系统中必须装设开关电器。根据开关电器的不同性能，可将其分为以下几类：

（1）低压刀闸开关、接触器、高压负荷开关等开关电器，用来在正常工作情况下开断或闭合正常工作电流。

（2）熔断器，用来开断过负荷电流或短路电流。

（3）高压隔离开关，只用来在检修时隔离电源，不允许用其开断或闭合电流。

（4）自动分段器，用来在预定的记忆时间内根据选定的计数次数在无电流的瞬间自动分段故障线路。

（5）高压断路器、低压空气开关等开关电器，既用来开断或闭合正常工作电流，也用来开断或闭合过负荷电流或短路电流。

高压断路器依其采用的灭弧介质及工作原理不同又分为油断路器、六氟化硫（SF_6）断路器、真空断路器、空气断路器、自产气断路器等几种形式。

第二节　开关电器中电弧的产生和熄灭

高压开关电器在切断负荷电流或短路电流时，开关触头间隙中（以下简称弧隙）由于强电场或热游离的作用，将出现电弧电流。电弧电流的主要特征是能量集中，温度高（弧柱温度高达上万摄氏度）。如果电弧不能及时熄灭，会烧坏触头，危及电器的绝缘部分，影响电力系统的安全运行。开关电器的开断性能，即指开关电器的灭弧能力。

一、电弧的产生和维持

电弧是有触点开关电器在切断有载电路过程中必然产生的物理现象，现以断路器为例说明电弧产生和维持燃烧的物理过程。

断路器的触头刚分开的瞬间，距离很小，触头间的电场强度很高，阴极表面上的电子被高电场拉出来，在触头间隙中形成自由电子。同时，随着接触压力和接触面积的减小，接触电阻迅速增加，使即将分离的动、静触头接触处剧烈发热，因而产生热电子发射。这两种电子在电场力的作用下，向阳极做加速运动，并碰撞弧隙中的中性质点。由于电子的运动速度很高，其动能大于中性质点的游离能，故使中性质点游离为正离子和自由电子，这种游离称为碰撞游离。碰撞游离的规模由于连锁反应而不断扩大，乃至弧隙中充满了定向流动的自由电子和正离子，这就是介质由绝缘状态变为导电状态的物理过程。

实验证明，高电场发射电子是产生电弧的主要条件，而碰撞游离是产生电弧的主要原因。处在高温下的介质分子和原子产生强烈的热运动，它们相互不断发生碰撞，游离出正离子和自由电子，这种游离称为热游离。因此，电弧产生以后主要由热游离来维持电弧燃烧。同时，在弧隙高温下，阴极表面继续发射热电子。在热游离和热电子发射共同作用下，电弧继续炽热燃烧。

二、电弧中的去游离

在电弧燃烧过程中，中性介质发生游离的同时，还存在着去游离。弧隙中带电质点自身消失或者失去电荷变为中性质点的现象称为去游离。去游离有两种方式，即复合与扩散。

1. 复合

带有异性电荷的质点相遇而结合成中性质点的现象，称为复合。

(1) 空间复合。在弧隙空间内，自由电子和正离子相遇，可以直接复合成一中性质点。但由于自由电子运动速度比离子运动速度高很多（约高 1000 倍），所以电子与正离子直接复合的机会很少。复合的主要形式是间接复合，即电子碰撞中性质点时，一个电子可能先附着在中性质点上形成负离子，其速度大大减慢，然后与正离子复合，形成两个中性质点。间接复合的过程如图 2-1 所示。

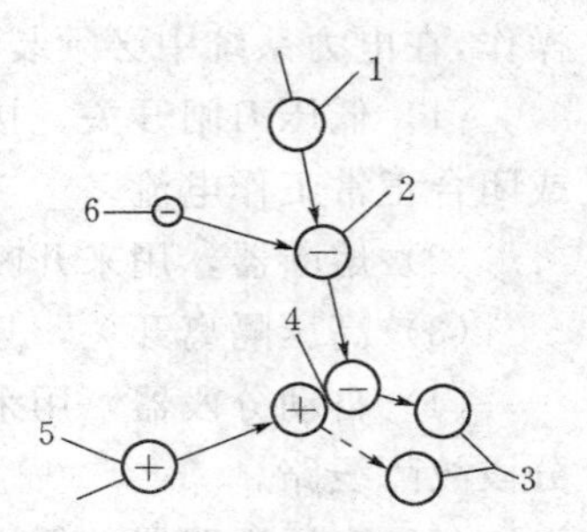

图 2-1　间接复合过程
1，3—中性质点；2—负离子；4—复合；5—正离子；6—电子

(2) 表面复合。在金属表面进行的复合，称为表面复合。

表面复合主要有以下几种形式：电子进入阳极；正离子接近阴极表面，与从阴极刚发射出的电子复合，变为中性质点；负离子接近阳极后将电子移给阳极，自身变为中性质点。

2. 扩散

弧隙中的电子和正离子，从浓度高的空间向浓度低的介质周围移动的现象，称为扩散。扩散的结果使电弧中带电质点减少，有利于灭弧。电弧和周围介质的温度差及带电质点的浓度差越大，扩散的速度就越快。若把电弧拉长或用气体、液体吹弧，带走弧柱中的大量带电质点，就能加强扩散的作用。弧柱中的带电质点逸出到冷却介质中受到冷却而互相结合，成为中性质点。开关电器的主要灭弧措施就是加强去游离作用。在开断过程中使去游离作用大于游离作用，以达到灭弧的目的。

三、交流电弧的电压和电流波形

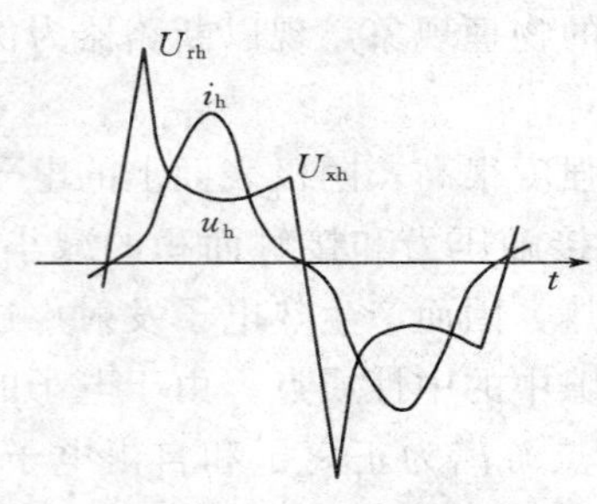

图 2-2　交流电弧电压与电流波形

在交流电路中，交流电弧的电压 u_h 和电流 i_h 随时间 t 变化的波形如图 2-2 所示。交流电弧电压在半周期起始时，迅速上升到最大值 U_{rh}（燃弧电压）。电弧点燃后，电弧电压迅速下降，在电弧电流半周期的中部达到最小值，并变得比较平坦。在半周期末，电压又上升到熄弧电压 U_{xh}，随之很快下降到零。由于在电流过零前后很短的时间内，电弧电阻变得相当大，电弧电流很小，所以波形偏离了正弦波形。在电弧电流过零以前，其波形比正弦波形下降得快，而

在零点附近变化缓慢，电弧电流几乎接近于零，这种现象称为电弧电流的“零休”。

四、交流电弧的熄灭

交流电弧电流每半周期要过零一次，在过零前后很短的时间内会出现“零休”，此时弧隙的输入能量为零或趋近于零，电弧的温度下降，弧隙将从导体逐渐变成介质，这给熄灭交流电弧创造了有利条件。交流开关电器的灭弧装置在这期间的主要任务是充分利用这个有利条件，用外能或自能强迫冷却电弧，使去游离大于游离作用，将电弧迅速熄灭，切断电路。

从每次电弧电流过零时刻开始，弧隙中都发生两个作用相反而又相互联系的过程，一个是弧隙中的介质强度恢复过程，另一个是弧隙上电压恢复过程。电弧熄灭与否取决于这两种恢复过程的速度。

1. 弧隙介质强度恢复过程

弧隙的介质强度即弧隙的绝缘能力，也就是弧隙能承受的不致引起重燃的外加电压。

电弧电流过零时，弧隙有一定的介质强度，并随着弧隙温度的不断降低而继续上升，逐渐恢复到正常的绝缘状态。使弧隙能承受电压作用而不发生重燃的过程称为介质强度恢复过程。

（1）弧柱区介质强度恢复过程。电弧电流过零前，电弧处在炽热燃烧阶段，热游离很强，电弧电阻很小。当电流接近自然过零时，电流很小，弧隙输入能量减小，散失能量增加，弧隙温度逐渐降低，游离减弱，去游离增强，弧隙电阻增大，并达到很高的数值。当电流自然过零时，弧隙输入的能量为零，弧隙散失的能量进一步增加，使其温度继续下降，去游离继续加强，弧隙电阻继续上升并达到相当高的数值，为弧隙从导体状态转变为介质状态创造条件。实践表明，虽然电流过零时弧隙温度有很大程度的下降，但由于电流过零的速度很快，电弧热惯性的作用使热游离仍然存在，因此弧隙具有一定的电导性，被称为剩余电导。在弧隙两端电压的作用下，弧隙中仍有能量输入。如果此时加在弧隙上的电压足够高，使弧隙输入能量大于散失能量，则使弧隙温度升高，热游离又得到加强，弧隙电阻迅速减小，电弧重新剧烈燃烧，这就是电弧的重燃。这种重燃是由于输入弧隙的能量大于其散失能量而引起的，称为热击穿，此阶段称热击穿阶段。热击穿阶段的弧隙介质强度为弧隙在该阶段每一时刻所能承受的外加电压，在该电压作用下，弧隙输入能量等于散失能量。如果此时加在弧隙上的电压相当小甚至为零，则弧隙温度继续下降，弧隙电阻继续增大至无穷，此时热游离已基本停止，电弧熄灭，弧隙中的带电质点转变为中性介质。当加在弧隙上的电压超过此时弧隙所能承受的电压时，则会引起弧隙重新击穿，从而使电弧重燃。由此而引起的重燃称为电击穿，电流过零后的这一阶段称为电击穿阶段。

电弧重燃过程一般都要经过热击穿和电击穿两个阶段，两者有不同的特征。热击穿阶段的特征是：弧隙处于导通状态，具有一定数值的电阻，有剩余电流通过，弧隙仍得到能量。电击穿阶段的特征是：弧隙电阻值趋于无穷大，弧隙呈介电状态，但温度较高，弧隙的耐压强度比常温介质低得多，所以容易被击穿。

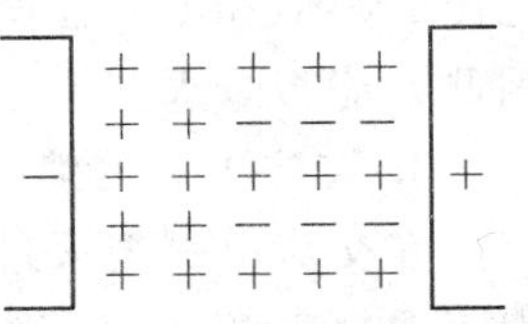

图 2-3　电流过零后电荷沿短弧隙的分布

（2）近阴极区介质强度恢复过程。实验证明，在电弧电流过零后 0.1～1μs 时间内，阴极附近的介质强度突然升高，这种现象称为近阴极效应。图 2-3 所示的短弧隙分布，在电流过零前，左电极为正，右电极为负，弧隙间充满着电子和正离子。在电流过零后，弧隙电极的极性发生了变化，左变负，右变正，弧隙中电子运动方向随之改变。电子向正电极方向运动，而质量比电子大得多的正离子几乎未动。因此，在阴极附近形成了不导电的正电荷空间，阻碍阴极发射电子，出现了一定的介质强度。如果此时加在弧隙上的电压低于此时的介质强度，则弧隙中不再有电流流过，因而电弧不再产生。这个介质强度值为150～250V，称为起始介质强度（在冷电极的情况下，起始介质强度为250V，而在较热电极的情况下起始介质强度约为150V）。产生近阴极效应之后，介质强度的增长速度变慢，主要取决于电弧的冷却条件。

近阴极效应在熄灭低压短弧中得到了广泛应用。在交流低压开关断开过程中，把电弧引入用钢片制成的灭弧栅中，将其分割成一串短弧，这样就出现了对应数目的阴极。当电流过零后，每个短弧阴极附近都立刻形成150～250V的介质强度，如其总和大于加在触头间的电压，即可将电弧熄灭。

近阴极效应对几万伏以上的高压断路器的灭弧不起多大作用，因为起始介质强度比加在弧隙上的高电压低得多。

2. 弧隙电压恢复过程

交流电弧熄灭时，加在弧隙上的电压是从熄弧电压开始逐渐变化到电源电压，这个过程称为电压恢复过程。在电压恢复过程中，加在弧隙上的电压称为恢复电压。

恢复电压由暂态恢复电压和工频恢复电压两部分组成。暂态恢复电压是电弧熄灭后出现在弧隙上的暂态电压，它可能是周期性的，也可能是非周期性的，如图2-4所示，主要是由电路参数（集中的或分布的电感、电容和电阻等）、电弧参数（电弧电压、剩余电导等）和工频恢复电压的大小所决定。工频恢复电压是暂态恢复电压消失后弧隙上出现的电压，即恢复电压的稳态值。

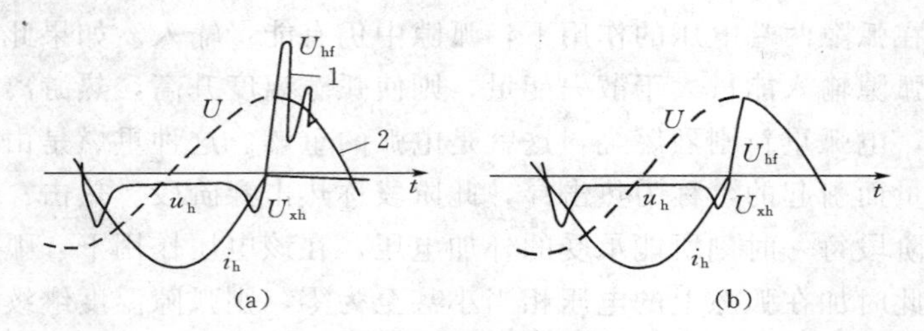

图2-4 恢复电压

(a) 周期性的暂态恢复电压；(b) 非周期性的暂态恢复电压

1—暂态恢复电压；2—工频恢复电压

电压恢复过程仅在几十或几百微秒内完成，此期间正是决定电弧能否熄灭的关键时刻，因此加在弧隙上恢复电压的幅值和波形，对弧隙能否重燃具有很大的影响。如果恢复电压的幅值和上升速度大于介质强度的幅值和上升速度，则电弧重燃；反之，不再重燃。因此，能否熄灭交流电弧，不但与介质强度恢复过程有关，而且还和电压恢复过程有关。

3. 交流电弧的熄灭条件

在交流电弧熄灭过程中，介质强度恢复过程和电压恢复过程是同时进行的，电弧能否熄灭取决于两个过程的发展速度。图2-5所示为几种典型的电弧熄灭与重燃的波形。

图2-5（a）表示在两个恢复过程中，弧隙中有剩余电流通过，但介质强度始终大于恢

复电压，所以电弧熄灭。图 2-5（b）表示在两个恢复过程中，弧隙中有较大的剩余电流，输入弧隙的能量大于弧隙散失的能量，热游离不断加强，弧隙的温度不断上升；并且由于热击穿，使电弧重燃，在热击穿阶段恢复电压较低。图 2-5（c）表示弧隙中有剩余电流，在热击穿阶段弧隙中的介质强度大于恢复电压；但在剩余电流下降到零之后，弧隙上的恢复电压即大于介质强度，引起弧隙电击穿使电弧重燃。图 2-5（d）表示弧隙中没有剩余电流，电弧电流过零后不存在热击穿阶段；但在恢复电压作用下，弧隙被电击穿使电弧重燃。

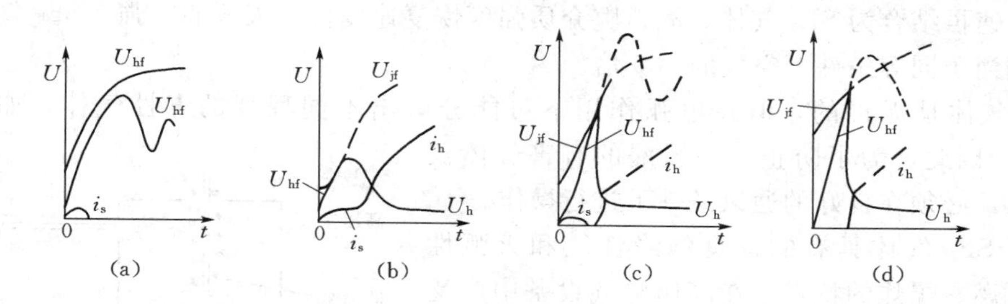

图 2-5　电弧熄灭或重燃的波形

（a）电弧熄灭；（b）热击穿；（c）、（d）电击穿

U_{jf}—介质强度电压；U_{hf}—恢复电压；U_h—弧隙电压；i_s—剩余电流

通过上述对两个恢复过程的分析，得出交流电弧的熄灭条件，即交流电弧电流过零后，弧隙中的介质强度总是高于弧隙恢复电压。

现代开关电器中主要采用的灭弧方式有金属灭弧栅灭弧、绝缘灭弧栅灭弧、固体石英砂灭弧、固体产气灭弧、多断口灭弧、气体或油吹弧灭弧、真空灭弧等。

第三节　六氟化硫断路器

六氟化硫（SF_6）是一种灭弧性能很强的气体，发现于 1930 年，1937 年应用于电气设备，1955 年开始用 SF_6 气体作为断路器的灭弧介质。20 世纪 60 年代以前，36kV 以上电网中主要使用空气断路器和油断路器。在 70 年代，SF_6 断路器逐渐排挤了这两种断路器而得到广泛应用。我国于 1967 年开始研制 SF_6 断路器，目前已经研制成功了 10kV、35kV、220kV 等电压等级的 SF_6 断路器。到了 90 年代末，油断路器已几乎全部淘汰，而作为开关电器之一的 SF_6 断路器正在崛起，在国内、外已占据主导地位。

一、SF_6 气体的性能

SF_6 气体的电子具有共价键结构，如图 2-6（a）所示，其分子结构呈正八面体，属于完全对称型，硫原子被 6 个氟原子紧密包围，呈强电负性，如图 2-6（b）所示。

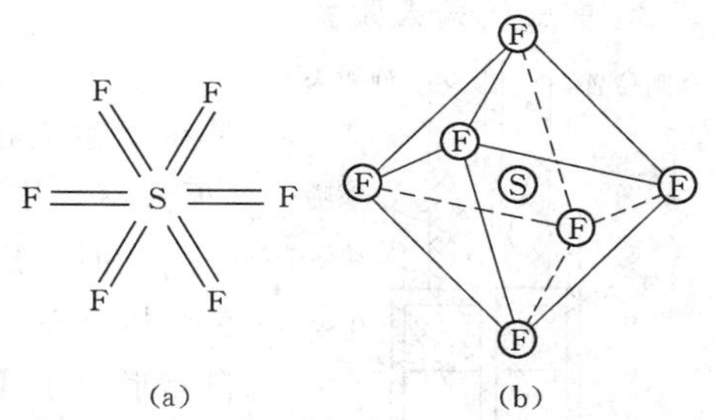

图 2-6　SF_6 气体的电子与分子结构

（a）电子结构；（b）分子结构

SF_6 气体为无色、无味、无毒、非燃烧性、亦不助燃的非金属化合物，在常温常压下，密度约为空气的 5 倍。常压下升华温度为 −63.8℃。在常温下直至 21 个大气压下仍为气态。即使气

体温度变化达50℃，压力变化不会超过20%。SF_6 气体如果包括自然对流效应，总的热传导能力比空气好。

SF_6 气体化学性质非常稳定，在干燥情况下，与铜、铝、钢等材料在110℃以内都不发生化学反应；超过150℃时，与钢、硅开始缓慢作用；200℃以上，与铜或铝才发生轻微作用；到500～600℃与银也不发生反应。

SF_6 气体热稳定性好，气体分解随温度升高而加剧，但一旦使它分解的能量解除，分解物将急速再结合为 SF_6 气体。故弧隙介质强度恢复速度快，灭弧能力强。SF_6 气体的灭弧能力相当于同等条件下空气的100倍。

SF_6 气体是无毒的，但在电弧作用下可能分解出不同程度的毒性气体，如 S_2F_{10}、SOF_2 等。因此，为了防止万一泄漏的有害气体被人体吸入，必须在良好的通风条件下进行操作。

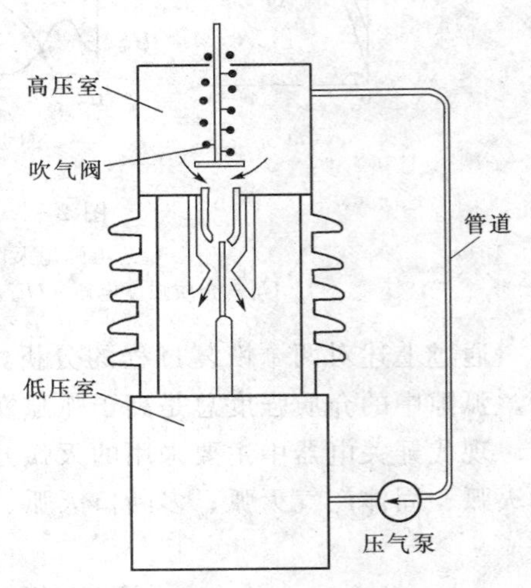

图 2-7 双压气式灭弧室原理

由于 SF_6 气体具有的优良绝缘性能和灭弧性能，无可燃、爆炸的特点，在高压电气设备中广泛应用于绝缘、断开电流的设备中。SF_6 断路器的应用，大大提高了断路器的各种技术性能，做到了设备可靠、不检修周期长、运行维护方便等特点，从而取代了传统的油断路器。

二、SF_6 断路器的种类及灭弧原理

SF_6 断路器根据灭弧原理不同可分为双压气式、单压气式、旋弧式结构。

1. 双压气式灭弧室

双压气式灭弧室的结构如图 2-7 所示。双压气式断路器是指灭弧室和其他部位采用不同的 SF_6 气体压力。在正常情况下（合上、分断后），高压和低压气体是分开的，只有在断开时，触头的运动使动、静触头间产生电弧后，高压室中的 SF_6 气体在灭弧室（触头喷口）形成一股气流，从而吹断电弧，使之熄灭，分断完毕，吹气阀自动关闭，停止吹气，然后高压室中的 SF_6 气体由低压室通过气泵再送入高压室。这样，以保证在断开电流时，以足够的压力吹气使电弧熄灭。

双压气式 SF_6 断路器的结构比较复杂，早期应用较多，目前这种结构很少采用。

2. 单压气式灭弧室

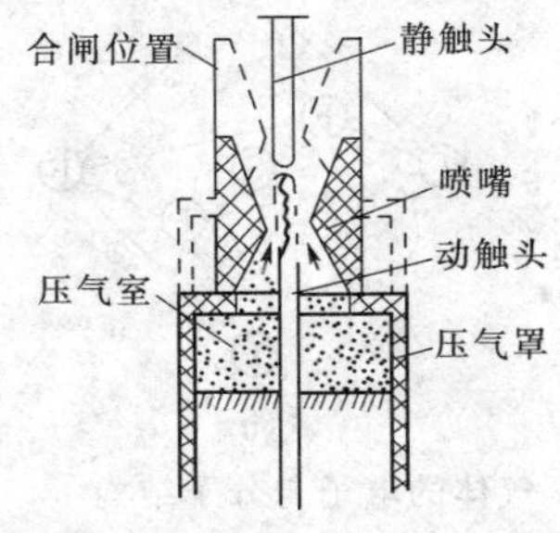

图 2-8 单压气式灭弧室原理

单压气式灭弧室与其他部位的 SF_6 气体压力是相同的，只是在动触头运动中，使 SF_6 气体自然形成压气形式，向喷嘴（灭弧室）排气，动触头的运动速度与吹气量大小有关，当停止运动时，压气的过程也即终止。原理如图 2-8 所示。动触头、压气罩、喷嘴三者为一整体，当动触头向下运动，压气罩自然形成了压力活塞，下部的 SF_6 气体压力增加，然后由喷嘴向断口灭弧室吹气，完成灭弧过程。这种断路器也在不断改进，并在其他高压开关设备中得到普遍应用。

压气式断路器大多应用在110kV及以上高压电网中，开断电流可达到几万安，但由于灭弧室及内部结构相对复杂，价格也比较高。

3. 旋弧式灭弧室

旋弧式灭弧室是利用电弧电流产生的磁场力，使电弧沿着某一截面高速旋转。由于电弧的质量比较轻，在高速旋转时，使电弧逐渐拉长，最终熄灭。为了加强旋弧效果，通常使电弧电流流经一个旋弧线圈（或磁吹线圈）来加大磁场力。一般电流越大，灭弧越困难，但对于旋弧式 SF_6 断路器，磁场力与电流大小成正比，电流大磁场力也加大，仍能使电弧迅速熄灭。小电流时，由于磁场随电流减小而减小，同样能达到灭弧作用且不产生截流现象，如图2-9所示。

当导电杆与静触头分开产生电弧后，电弧就由原静触头转移到圆筒电极的磁吹线圈上，磁吹线圈大多采用扁形铜线绕制，相当于一个短路环作用，此时电弧经过线圈与动触头继续拉弧，由于电流通过线圈，在线圈上产生洛伦兹力，按右手坐标方向成涡旋状高速旋转，其速度为几百米每秒。由于圆筒电极内的磁场与电弧电流的相位滞后一角度，使电流过零时，磁场力没有过零，即电流过零时仍可使电弧继续旋转，使电弧在过零时能可靠地熄灭。电弧熄灭后，触头间的绝缘也很快恢复。其相位关系如图2-10所示。

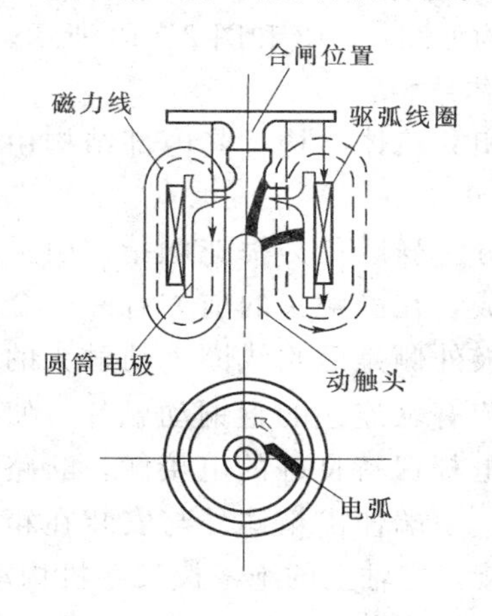

图2-9 旋弧式灭弧原理

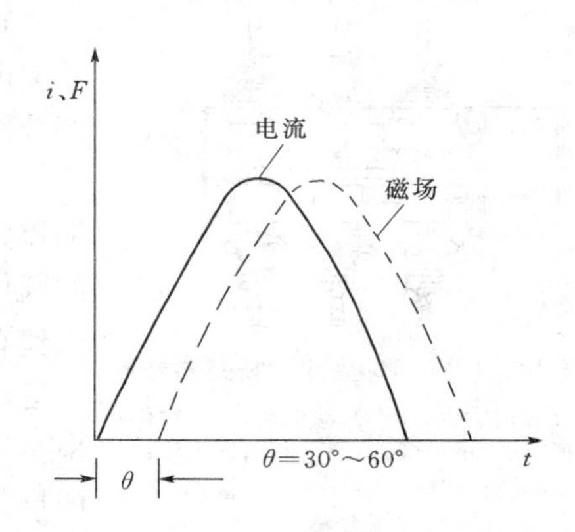

图2-10 旋弧式灭弧时电流与磁场的相位关系

例如，设电弧电流 i，电弧所处的磁通为 B，电弧长度为 l，考虑安匝数与 B 的关系，则有

$$i = l_m \sin\omega t, \quad B = B_m \sin(\omega t + \theta) \tag{2-1}$$

得磁场力为

$$F = B_m l_m \sin^2 \omega t = \frac{1}{2} B_m l_m (1 - \cos^2 \omega t) \tag{2-2}$$

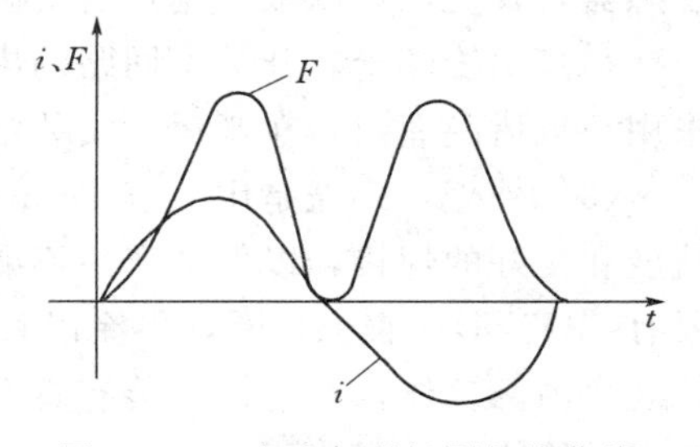

图2-11 电流与磁场同相位曲线

由以上分析结果可知，磁场力与电流的关系是电流过零，F 也过零，此时的灭弧效果最差，如图2-11所示。因此，采用圆筒电极，相当于短路环，改变了磁场力的相位，调节了 F 与 i 的相角，通过短路线

圈的匝数可实现其角度差在30°～60°之间。

根据旋弧式灭弧室的原理，旋弧式灭弧室主要有以下特点：

1）利用电流通过弧道（磁吹线圈）产生的磁场力直接驱动电弧高速旋转，灭弧能力强，大电流时容易开断，小电流时也不产生截流现象，所以不致引起操作过电压，断开电容电流时，触头间的绝缘也较高，不致引起重燃现象。

2）灭弧室结构简单，操作功需求小，使操作机构大大简化，机械可靠性高，成本低。

3）电弧局限在圆筒或在线圈上高速运动，电极烧损均匀，电寿命长。

由于旋弧式灭弧室的原理和特点，使得在10～35kV电压等级的开关设备上大量采用，是很有发展前途的一种断路器结构。

三、LW—10型SF_6断路器

LW—10型SF_6断路器是利用旋弧原理设计生产的一种断路器，开断电流为3kA、8kA、12.5kA、16kA等，能满足配电网短路容量的要求。该断路器采用低压力，有较强的灭弧能力，充气压力为0.35MPa，在零表压下还能断开额定负荷电流。断路器采用手动—弹簧—电磁一体化操动机构，并装有电流互感器、过流脱扣器等。其外形及内部结构如图2-12和图2-13所示。

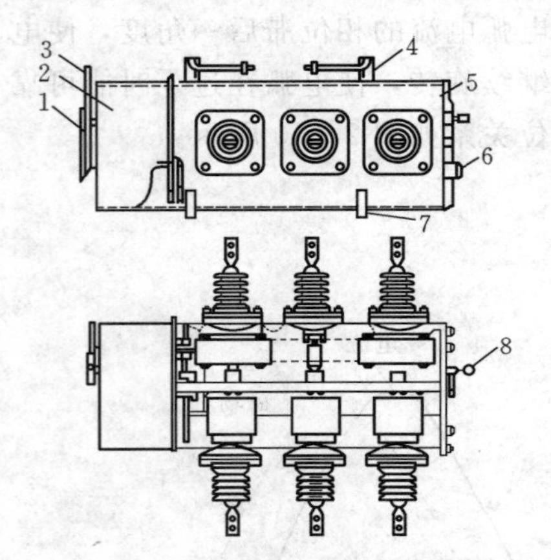

图2-12　LW—10型SF_6断路器外形

1—分合指示板；2—操动机构；3—操作手柄；4—吊装螺杆；5—断路器本体；6—充放气接头；7—固定板；8—压力表

1. 断路器本体结构

断路器为三相共箱体结构，其内部结构由以下几部分组成：

（1）导电部分。静触指为梅花触指，引弧触指由铜钨整体材料制成，在静触头的前方有一个金属制成的圆筒电极，电极外侧是磁吹线圈。动触头的端部为铜钨合金，尾部装有软连接的青铜动触片，使动触头在运动时能与导电杆保持良好的电接触。断路器有一根主轴贯穿箱中，一端伸出箱体外与安装在箱体端部的操作机构相连接，主轴上的绝缘拨叉在机构动作时，驱动导电杆与静触指分合。

（2）吸附剂。为了吸收水分和SF_6气体在电弧作用下分解的低氟化合物，在壳体内部装有一定数量的二氧化二铝（Al_2O_2）粒状吸附剂。

（3）电流互感器。互感器主要用于开关本身的保护和信号检测之用，采用穿心式电流互感器，其变比可以根据用户需要确定电流变比值，可实现过流短路故障的自动脱扣。

（4）出线端子。开关主回路的出线通过瓷件引出，为防止引线松动和漏气现象，瓷套采用环氧树脂灌封，在搬运、安装中应防止其受力。

（5）外壳。外壳是用大于6mm厚的钢板卷制而成，各密封面及充气口保证一定的光洁度和良好的焊接，以保证产品不漏气。另外，在各静止的密封部位和主轴转动密封面还要有“O”形橡胶密封圈，再涂以其他辅助密封材料以加强密封性能及润滑作用。为了便于观察内部气体，在壳体上装有真空压力表，装备的单向阀可用于产品组装后抽真空、充气以及检修充放气之用。

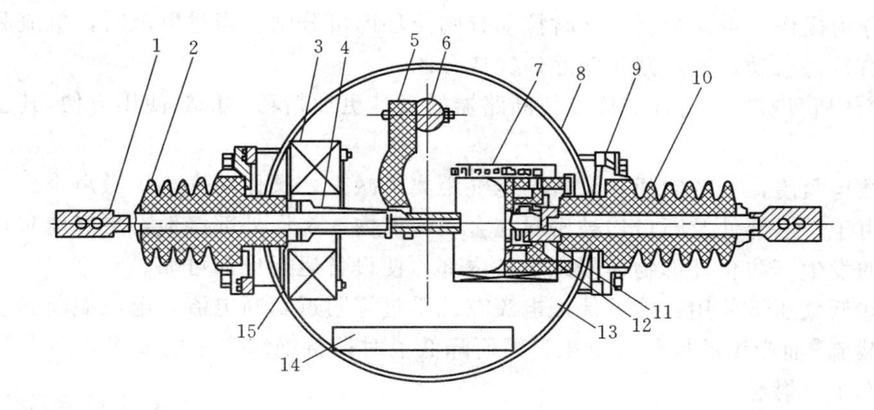

图 2-13　LW—10 型 SF_6 断路器的内部结构

1—接线端子；2—左瓷瓶装配；3—电流互感器；4—动触头；5—拨叉；6—主轴；
7—磁吹线圈；8—外壳；9—密封圈；10—右瓷瓶装配；11—静触头；
12—触指座；13—圆筒电极；14—吸附剂；15—折叠触头

2. 操动机构

手动操作机构与电动弹簧操作机构相同。手动是靠人力将弹簧储能，然后释放能量达到合闸目的。合闸的同时，又向分闸弹簧储能，以保证分闸时间和速度。电动操作是由电动机驱动，以棘轮使弹簧储能，其原理如下。

(1) 储能合闸。当手动操动机构手柄或电动机转动带动机构储能轴上的棘轮旋转时，轴上的弹簧拐臂也随其旋转，把储能弹簧拉长。过死点时储能弹簧即已储满能量，无制动装置时过死点即释放，使开关合闸并使分闸弹簧储足能量等待分闸。当有制动时，以其他方式控制掣子，完成合闸功能，如图 2-14 和图 2-15 所示。

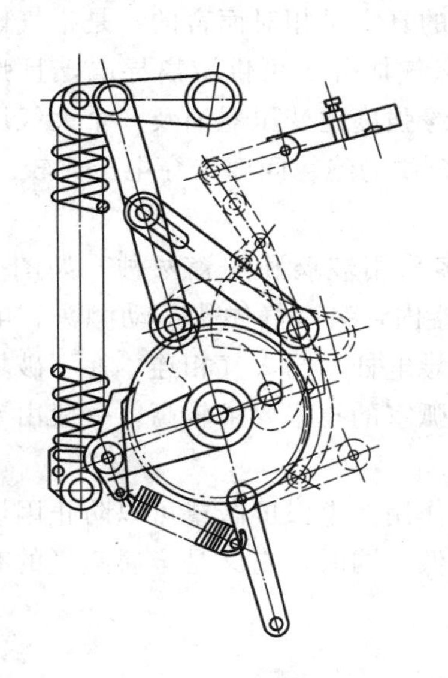

图 2-14　Ⅰ型手动储能弹簧机构

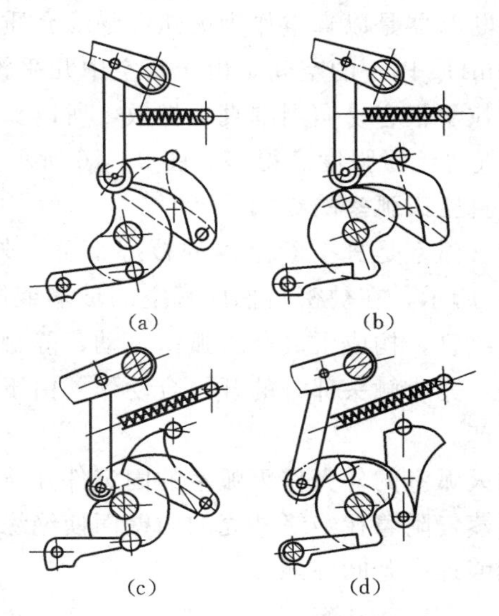

图 2-15　Ⅱ型电动机储能弹簧机构

(a) 储能合闸；(b) 未储能合闸；
(c) 储能分闸；(d) 未储能分闸

(2) 分闸操作。手动控制分闸时拉动分闸拉环即可分闸。当过电流时，电流脱扣线圈(5.5A 左右) 将启动，使分闸扣解除，完成分闸。

SF_6 气体所具有的多方面的优点使断路器的设计更加精巧、可靠、使用方便，其主要优点如下。

(1) 结构紧凑，节省空间，设备的电气距离可减少，操作功率小，噪声小。

(2) 由于带电部件及断口均被密封在金属容器内，金属外部接地，更好地防止了意外触电事故的发生，防止外部物体侵入设备内部，使设备运行更加可靠。

(3) 在低气压下使用，能够保证电流在几乎过零附近切断电流，电流截断趋势减至最小，避免截流[1]而产生的操作过电压，因而降低了对设备绝缘水平的要求，并在开断电容电流时不产生重燃。

(4) 燃弧时间短，电流开断能力强，触头的烧损腐蚀小。

(5) 密封条件好，能够保持装置内部干燥，不受外界潮气的影响。

(6) 无易燃易爆物质，提高变电站的安全可靠性。

(7) 燃弧后，装置内没有碳的沉淀物，可以消除电碳痕迹，不发生绝缘击穿现象。

(8) SF_6 气体具有良好的绝缘性能，可以大大减少装置的电气距离。

(9) SF_6 断路器是全封闭的，因而可以适用于户内场所，特别是煤矿及其他有爆炸危险的场所。

目前超高压断路器通常与其他设备组合为一体，称为 GIS 型全封闭组合电气设备，不但工作可靠，而且大大地缩小了设备尺寸和占地面积。

第四节 真空断路器

真空断路器是以真空作为灭弧和绝缘介质。所谓的真空是相对而言的，是指气体压力在 10^{-4}mmHg 以下的空间。由于真空中几乎没有什么气体分子可供游离导电，且弧隙中少量导电粒子很容易向周围真空扩散，所以真空的绝缘强度比变压器油及 3 个大气压下的 SF_6 或空气等绝缘强度高得多。图 2-16 所示为不同介质的绝缘间隙击穿电压比较。

一、真空灭弧室的结构

真空灭弧室是真空断路器的核心部分，外壳大多采用玻璃和陶瓷两种，如图 2-17 (a)、(b) 所示，在被密封抽成真空的玻璃或陶瓷容器内，装有静触头、动触头、电弧屏蔽罩、波纹管，构成了真空灭弧室。动、静触头连接导电杆，与大气相连，在不破坏真空的情况下，完成触头部分的开、合动作。由于真空灭弧室的技术要求较高，一般由专业生产厂家生产。

真空灭弧室的外壳作灭弧室的固定件并兼有绝缘作用。电弧屏蔽罩可以防止因燃弧产生的金属蒸气附着在绝缘外壳的内壁而使绝缘强度降低。同时，它又是金属蒸气的有效凝聚面，能够提高开断性能。

---

[1] 截流特性：断路器断开电流时，在电流没有达到自然零点之前强行地断开现象称为截流 (Current Chopping) 现象。截流水平主要取决于触头材料。

真空灭弧室的真空处理是通过专门的抽气方式进行的，真空度一般达到 $1.33\times10^{-3}\sim1.33\times10^{-7}$ Pa。

真空开关电器的应用主要决定于真空灭弧室的技术性能，目前世界上在中压等级的设备中，随着真空灭弧室技术的不断完善和改进，电极的形状、触头的材料、支撑的方式都有了很大的提高，真空开关在使用中占有相当大的优势。从整体形式看，对陶瓷式真空灭弧室应用较多，尤其是断开电流在 20 kA 及以上的真空开关电器，具有更多的优势。

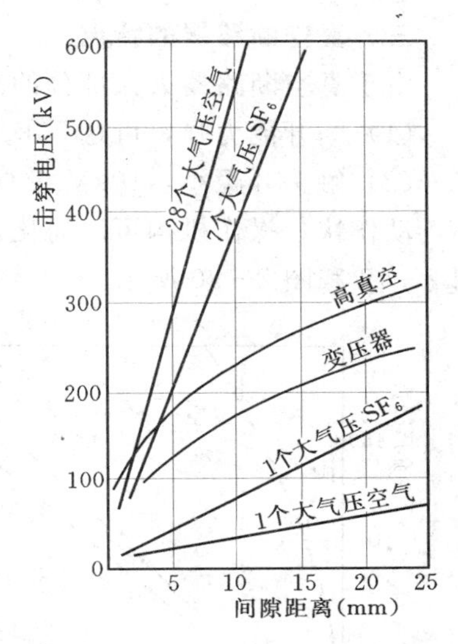

图 2-16 不同介质的绝缘间隙击穿电压比较

注：1 个大气压 $=1.013250\times10^5$ Pa

二、触头的结构

真空断路器触头的中部是一圆环状的接触面，而接触面的周围是开有螺旋槽的吹弧面。当断开电流时，最初在接触面上产生电弧；在电弧电流所形成的磁场作用下，电弧沿径向向外缘快速移动，如图 2-18（a）的 b 点所示。由于电弧的移动路径受螺旋线的限制，它通过的路径也是螺旋形的，如图 2-18（b）虚线所示。电流可分解为切向分量 i_2 和径向分量 i_1，其中切向分量电流 i_2 在弧柱上产生沿触头半径方向的磁感应强度 B_2，它与电弧电流形成沿切线方向的电动力，促使电弧沿触头做圆周运动，在触头外缘上旋转，当电弧电流过零时熄灭。

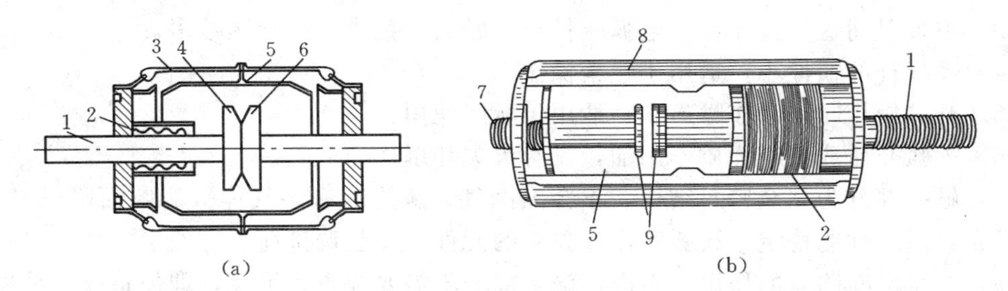

图 2-17 真空灭弧室的结构

（a）玻璃外壳；（b）陶瓷外壳

1—动触杆；2—波纹管；3—外壳；4—动触头；5—屏蔽罩；6—静触头；7—静触杆；8—陶瓷壳；9—平面触头

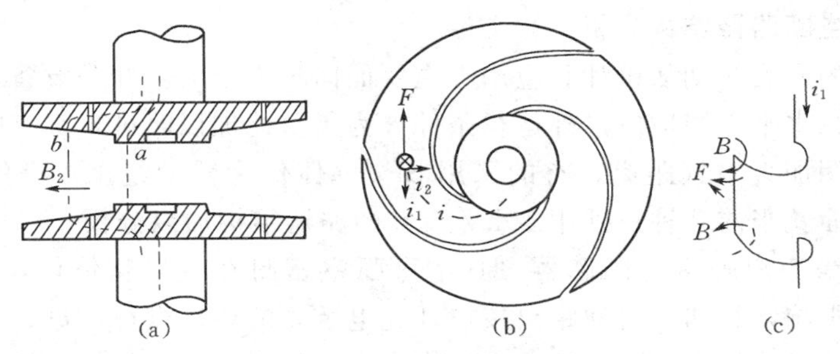

图 2-18 真空断路器的触头结构

（a）纵向剖面；（b）动触头顶视；（c）电流线与磁场

三、真空断路器的特点

由于真空断路器灭弧部分的工作十分可靠，使得真空断路器本身具有很多优点：

(1) 断开能力强，可达50kA；断开后断口间介质恢复速度快，介质不需要更换。

(2) 触头开距小，10kV级真空断路器的触头开距只有10mm左右，所需的操作功率小，动作快，操作机构可以简化，寿命延长，一般可达20年左右不需检修。具体比较如图2-19和图2-20所示。

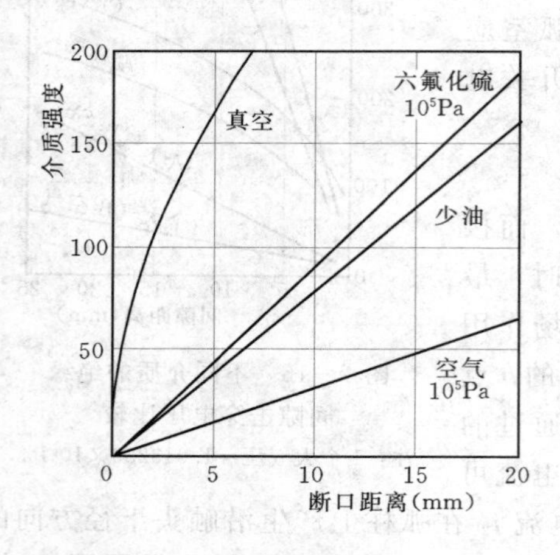

图2-19 不同介质下断口距离与介质强度曲线

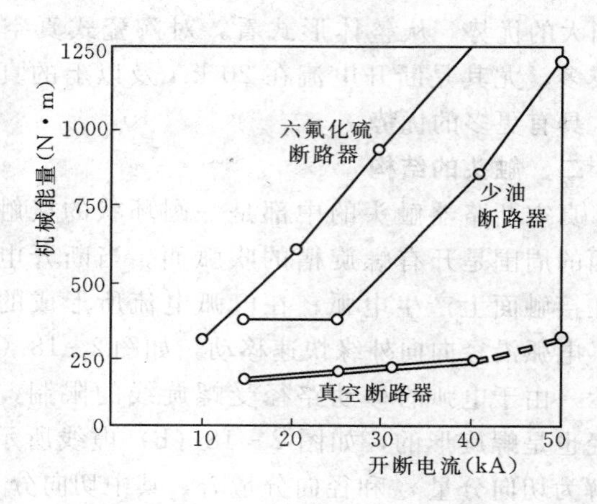

图2-20 额定短路开断电流与机械功的关系曲线

(3) 熄弧时间短，弧压低，电弧能量小，触头损耗小，开断次数多。

(4) 动导杆的惯性小，适用于频繁操作。

(5) 开关操作时，动作噪声小，适用于城区使用。

(6) 灭弧介质或绝缘介质不用油，没有火灾和爆炸的危险。

(7) 触头部分为完全密封结构，不会因潮气、灰尘、有害气体等影响而降低其性能。工作可靠，通断性能稳定。灭弧室作为独立的元件，安装调试简单方便。

(8) 在真空断路器的使用年限内，触头部分不需要检查、维修，即使检查、维修，所需时间也很短。

(9) 在密封的容器中熄弧，电弧和炽热气体不外漏。

(10) 具有多次重合闸功能，适合配电网中应用要求。

四、户外真空断路器结构分析

真空断路器的发展初期从设计和应用上主要面向户内型成套开关设备，这是因为真空灭弧室表面的绝缘水平不能适应户外运行条件。为了对此加以改进，真空断路器出现了多种类型，有的采用加大空气距离；有的采用SF_6气体作为辅助绝缘；有的采用绝缘油和充胶等办法。下面就当前几种户外用10kV真空断路器结构加以分析。

(1) 空气绝缘的户外真空断路器。真空灭弧室密封在金属箱体内，防止大气、风、雨、尘埃的直接影响，相间、对地距离按户外配电装置的要求设计，进、出线采用6支瓷套引出，产品外形尺寸较大。这种结构仅解决了户外相间及对地的绝缘问题。目前生产的10kV真空灭弧室，其两端的沿面爬电距离一般为140～200mm；采用玻璃或陶瓷外壳，无憎水性，在环境温差变化较大时，沿面会产生凝露，这就要求对真空灭弧室外壳采取措施。这种断路器结构比较简单，但体积大，目前主要采用硅橡胶套套在灭弧室的表面来增加爬电比距，但两种材料界面又成为最大隐患，其效果尚待运行确定。

(2) 充 SF_6 气体的户外真空断路器。为减小断路器相间距离，缩小产品尺寸，在装有断路器的金属容器内充以一定压力的 SF_6 气体，可解决空气绝缘的不足，缩小体积，提高绝缘水平。但是 SF_6 气体在运行中存在 SF_6 气体泄漏问题，目前还得不到彻底的解决，而单纯以解决真空灭弧室沿面凝露问题为目的采用 SF_6 气体，反而增加了真空断路器的复杂性和成本，从而降低了真空断路器的优越性。这种户外真空断路器理论分析较好，但如何发展，将由经济价值和市场需求来决定。

(3) 固体绝缘的户外真空断路器。真空灭弧室的外绝缘采用固体绝缘材料——固体胶进行绝缘。该型断路器样机在常温下试验符合产品技术要求，但产品在实际运行中随温度的变化，固体胶热胀冷缩，与外瓷件、内玻璃管的介质收缩系数不一致会出现气隙，潮气侵入后使绝缘水平下降，引起沿面击穿，在现场运行中，多次发生开关爆炸和瓷件破裂事故。从理论上看，采用固体绝缘解决真空灭弧室的外绝缘是比较理想的方法，但是解决材料配合的收缩系数是主要难题。该型断路器已经生产多年，但目前市场还没有推广。

(4) 变压器油作为外绝缘的真空断路器。国外从20世纪50年代开始将真空灭弧室浸入油中，成为户外型真空断路器，已运行多年，并一直延续到现在仍继续使用。这种方案技术上已经成熟，结构上比较简单。实践证明，这种方法解决真空灭弧室用于户外设备是行之有效的，但也要确实解决绝缘油在运行中的渗漏问题。

该型断路器的特点：①变压器油可解决真空灭弧室的沿面爬电和凝露问题，能做主绝缘的介质，可适当减小体积；②灭弧室位于绝缘框架内，保持了良好的稳定性和开断性能，组装工艺性好，检测、调试方便，是其他断路器不可比拟的；③该产品尽管在结构上仍属于油型结构，但该油的作用与常规概念已经完全不同，只作为灭弧室的外绝缘，不作为灭弧室的介质；④箱体不渗漏油、不浸水，几乎保持了原有的性能，确保了可靠性和稳定性，运行效果十分理想。

第五节　高压负荷隔离开关

一、概述

负荷开关主要用于配电系统中关合、承载、开断正常条件下（也可能包括规定的过载系数）的电流，并能通过规定异常（如短路）电流的关合。也就是说，负荷开关可以合、分正常的负荷电流以及关合短路电流（但不能开断短路电流）。因此，负荷开关受到使用条件的限制，不能作为电路中的保护开关，通常负荷开关必须与具有开断短路电流能力的开关设备相配合使用，最常用的方式是负荷开关与高压熔断器相配合，正常的合、分负荷电流由负荷开关完成，故障电流由熔断器来完成开断。

由于负荷开关的特点，它一般不作为直接的保护开关，主要用于较为频繁操作的、非重要的场合，尤其在小容量变压器保护中，采用高压熔断器与负荷开关相配合，能体现出较为显著的优点。当变压器发生大电流故障时，由熔断器动作，切断电流，其动作时间在

20ms 左右，这远比采用断路器保护要快得多，正常操作由负荷开关完成，提高了灵活性。在 10kV 线路中采用负荷开关，以三相联动为主，当熔断器发生故障时，无论是三相故障还是单相故障，当有一相熔丝熔断后，能迅速脱扣三相联动机构，使三相负荷开关快速分断，避免造成三相不平衡和非全相运行。

高压负荷开关在配电网的应用已经得到了供电部门的认可，据有关资料介绍，高压负荷开关在国外使用数量已达到断路器的 5 倍，并有继续增长的趋势。近几年来随着城市电网的改造，负荷开关的使用量越来越多，如环网开关柜，负荷开关配用熔断器作为高压设备保护已经越来越受到重视，并且它结构简单，制造容易，且价格比较便宜，得到用户的认可。

二、负荷开关的类型

负荷开关的种类较多，按结构可分为油、真空、SF_6、产气式、压气式；按操作方式可分为手动型和电动型负荷开关等。目前负荷开关的应用主要以产气式负荷开关及压气式负荷开关居多，这些产品以户内型为主，且使用范围广泛，集中在配电网中。随着真空开关技术及 SF_6 应用技术的发展，近几年真空、SF_6 式负荷开关也得到了一定程度的应用。产气式和压气式负荷开关与真空、SF_6 式负荷开关相比较，主要特征是采用了相应的产气型绝缘材料，在电路分断电弧的作用下，产气材料产生气压，气压按一定方向吹动改变电弧方向，使电弧拉长而熄灭，起到灭弧开断电流的作用。

1. 压气式高压负荷开关

压气式负荷开关为框架式结构，三相回路由 6 只环氧树脂支件固定，动触杆采用空心作为压气的汽缸，其内装有活塞固定在下绝缘支件上，由主轴（机构连接轴）驱动三相动触杆做上下直线运动，完成触头的接触与分离。动触杆做上下运动的同时，在空腔内的活塞形成压气，从顶端的耐弧塑料喷嘴喷出，吹动电弧，使电弧冷却而熄灭，如图 2-21 所示。

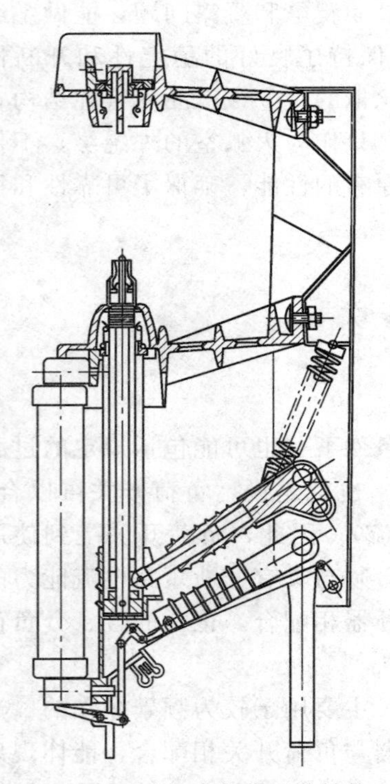
图 2-21　压气式负荷开关结构

气体的压力及吹气速率与活塞的运动速度有关，在开断过程中，活塞在主触头分离之前需形成预压气，才能使主触头分离，打开吹气口，保证气体的流量，使电弧可靠灭弧。

压气式负荷开关的灭弧性能决定于压气形式及气体压缩后短时间在电弧处形成的吹气量，为了减轻电弧对主断口接触部位的烧损，主断口处的导电部位通常采用铜钨合金材料。

压气式负荷开关的主要特点：三相可自动脱扣；无 SF_6 泄漏危险；采用压气灭弧原理，开断性能稳定可靠；体积小、搬运轻巧，可左右安装；五防联锁与操动机构一体，安全可靠；构成开关柜简单，开关与柜体的连接只需 4 个紧固件；开关柜可方便构成环网柜及其他各种接线方式；价格低，维护简单，更换方便。

2. 产气式负荷开关

产气式负荷开关采用了产气材料，在断口处设有特殊的灭弧装置。通常在断口处设有两个断口，为主断口和辅助断口。主断口即为主导电回路，一般不产生电弧，辅助断口通常是作为灭弧断口。正常时辅助断口不通电流，在开断时，主断口分开前辅助断口接通，主断口分开后短时间内辅助断口通过电流，在辅助断口断开时产生电弧，电弧高温作用下产气材料产气，形成压缩气体，吹灭电弧，完成开断功能。

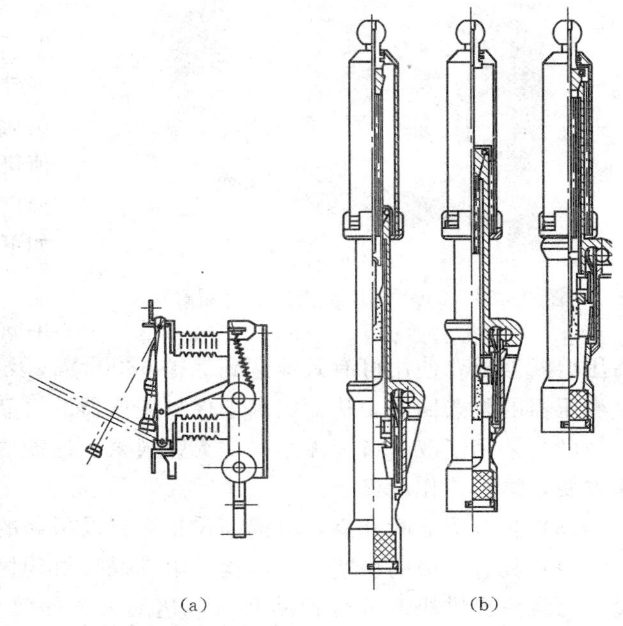

图 2-22 管形产气式负荷开关
(a) 外形；(b) 灭弧室结构

产气式负荷开关主要有圆筒形吹气和窄缝形吹气两种结构。形成的吹气方向是顺着动触杆或是单方向的，以保证吹气效果。产气式负荷开关完全采用开断电流时断口的电弧产气来实现灭弧，产气量的多少，决定于电弧大小及燃弧时间。当气压太小时，不能形成足够的吹气效果；当气压太大时，会导致灭弧室的损坏，因此产气的绝缘材料是十分关键的，既要保证产生足够的气体量，又不能形成产气后的残留物，烧损度小，还要有足够的导热性。一般负荷开关用的绝缘产气材料有聚四氯乙烯、聚酰胺、耐压有机玻璃，涤纶树脂、三聚氢胺等。

熔断器是最简单、最典型的产气式灭弧装置结构。图 2-22 是一种产气式负荷开关。

3. 真空负荷开关

真空负荷开关采用了真空灭弧室的灭弧优点以及相应的操作机构，由于负荷开关不要求开断短路电流，因此它的结构更简单。常见的真空负荷开关有户内型及户外柱上型。

真空负荷开关的主要特点是动作次数多，无明显电弧，适应于频繁操作场合，电流小，不会发生火灾及爆炸事故，可靠性好，使用寿命长，维修年限长，体积小，重量轻，可适用于各种成套的保护装置，特别是城市电网箱式变电站、环网等供电设施。

4. SF_6 负荷开关

SF_6 负荷开关结构类型较多，常用于环网开关柜，利用 SF_6 气体良好的绝缘性能，减小柜体体积，提高开断性能。由于 SF_6 气体在管理方面受到一定的限制，SF_6 负荷开关在10kV 配电网中应用较少。

三、GFW—35 型高压负荷隔离开关

1. 简介

随着我国农村小型化变电所的兴起，35kV 主变压器及操作设备日趋引起人们的关

图 2-23　GFW—35 型高压负荷隔离开关

注。如何将 35kV 高压负荷隔离开关应用到变电所是一项有利于电力发展和建设的重要技术，尤其是对农村电网小型化无人值班变电所的发展有重要意义。GFW—35 型高压负荷隔离开关是在单断口基础上结合我国国内实际运行的条件，吸收了国外相关设备的先进技术研究而成的。该负荷开关结构突出了我国 35kV 农村无人值班变电所电网应用的实际需要，得到了推广，其外形如图 2-23 所示。其特点如下：

（1）能有效地开断 200A 负荷电流，单断口可以开断负荷电流达到 100A，与高压熔断器配合使用可有效地达到保护 6300kVA 及以下的主变压器，简化了断路器保护主变压器的复杂回路，从而提高了保护变压器的可靠性。

（2）采用了双断口灭弧结构，灭弧效果、性能均比其他类型的设备好，结构简单，操作方便，维护工作量极小。

（3）具有明显断开点，可提高设备运行及检修的安全性。

（4）具有二级的快速操动机构，电动操作机构提供三相主断口的快速合、分操作，通过主动触头提供快速分合辅助断口，达到灭弧的效果，在任何时候都能起到可靠的灭弧作用。

（5）提高电压的工作水平，按国内 40.5kV 设计，采用国内大爬距 ZS—40/1000 型绝缘子作外绝缘，外绝缘爬电距离为 730mm。

（6）由单断口改为双断口，中间动触头转动，避免了导电部位发热。

（7）灭弧室的结构设计密封性能好，能防止水和有害气体的进入，延长了灭弧室的使用寿命。

（8）回路接触为圆柱式结构，可增大导电部位的接触面积，加大了接触压力。

（9）所有外部元件和紧固件为不锈钢和铸铝件，主回路无锈蚀现象。

（10）机构具有就地和远方操作的功能，可手动或电动操作，增加机构三相连动的快速操作，提高设备灭弧效果和减少人为因素的影响。

2. 结构及工作原理

GWF—35 型高压负荷隔离开关与熔断器配用，可代替断路器，主要用于农网小容量主变压器（6300kVA 及以下容量）及进出线，也可用于 35kV 配电线路的联络和分段开关，并可作为电源进线开关。其灭弧室结构如图 2-24 所示。

（1）结构。GFW—35 型高压负荷隔离开关分单断口双柱式和双断口三柱式结构，制成单极形式，借助连杆组成三相连动的负荷隔离开关。开关采用专门配套的弹簧操作机构，可电动操作也可手动操作，可使用交流、直流两种电源。负荷隔离开关由底座、支柱绝缘子及导电部分组成，每极中有一个支柱绝缘子装有轴承。B 相下端可直接或通过连杆

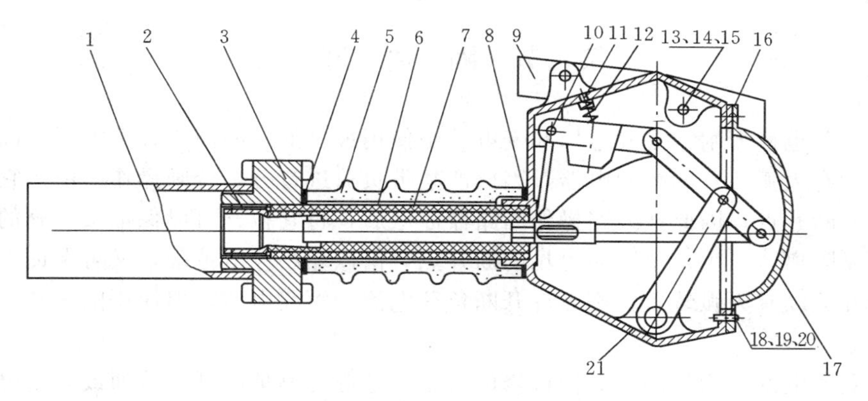

图 2-24　GFW—35 型高压负荷隔离开关的灭弧室结构（分闸状态）

1—圆筒装配；2—灭弧静触头装配；3—支座；4，8—密封圈；5—瓷瓶；6—绝缘筒；
7—灭弧外筒；9—辅助静触片；10—销；11—弹簧销轴；12，17—螺栓；
13，18—平垫；14，19—弹垫；15—橡胶密封垫；16—铝盒盖；
20—铝盒；21—连杆机构装配

与机构输出轴相连，实现分、合闸操作；上端导电杆在 0°～90°范围内能灵活转动。两只固定支柱绝缘子的顶部装有静触头、灭弧装置及接线端子等，主回路接触部位采用圆柱形的接触，能确保接触良好。

（2）合闸操作。

1）电动操作。当电动机通电时，沿逆时针方向转动（合闸）或顺时针方向转动（分闸），齿轮带动蜗杆蜗轮，使合闸弹簧储能，当扇形板与提升杆接触后，提升杆向上滑动，使之脱开，弹簧迅速释放能量，此时辅助开关动作，机构输出轴带动开关连杆迅速合闸；反之分闸时分闸储能后释放，在主断口到达辅助断口时，有短暂停顿，不影响其性能，由电动机继续转动而带动辅助触头继续操作，直至快速分闸。

2）手动操作。操作手柄沿逆时针方向或顺时针方向转动，其储能动作过程与电动操作相同，当停顿时应继续对机构按其分闸方向转动手柄，不可停留或停止操作，其动作原理完全与电动合分闸过程相同。

开关合闸时灭弧室触头先合，接通回路，预击穿由灭弧室完成灭弧和导电后电弧熄灭，主触头合闸到位；分闸时主触头先分离并接通辅助触头后分，主断口再断开，导电回路由辅助断口通过动导电杆连接，分开辅助断口，电弧在灭弧室内产气吹弧并熄灭，从而保证主触头不会灼伤。

3）当与熔断器配合时，负荷开关安装在熔断器的负荷侧，即熔断器在负荷开关的上极。

4）维护。维护周期取决于当地气候条件和操作的频繁程度，若无特殊原因，一般运行一年后进行第一次检修，然后根据第一次检修结果，即可确定以后的检修周期。每次检修应切断电源退出运行，并检查机构，手动操作合、分闸各 5 次，观察所有部件是否动作正常，紧固件是否松动。检查动、静触头，轻微的凹痕及毛刺可以用细砂布或细齿锉刀清除，如果动、静触头有几处烧损，则应更换。清除产品导电部位表面积留的灰尘、污垢，对机构及机械各转动连接部分定期上润滑油。

第六节 隔离开关

隔离开关也称刀闸，是发电厂和变电站中使用最多的一种高压开关电器。高压隔离开关是一种没有灭弧装置的控制电器，因此严禁带负荷进行分、合闸操作。由于它在分闸后具有明显的断开点，因此在线路操作断路器停电后，将它拉开可以保证被检修的设备与带电部分可靠隔离，产生一个明显可见的断开点，借以缩小停电范围，又可保证人身安全。

隔离开关没有灭弧装置，不允许开断负荷电流和短路电流，但使用隔离开关可进行下列操作：

（1）隔离电源。用隔离开关把检修的设备与电源可靠地断开，接通或切断电压互感器和避雷器。

（2）接通或切断母线和直接与母线相连设备的电容电流。

（3）接通或切断变压器中性点的接地线，但当中性点上接有消弧线圈时，只有在系统没有接地故障时才可进行。

（4）接通或切断与断路器并联的旁路电流。

（5）接通或切断励磁电流不超过 2A 的空载变压器和电容电流不超过 5A 的空载线路。

（6）用屋外三联隔离开关接通或切断电压 10kV 及以下、电流 15A 以下的负荷。

隔离开关种类很多。根据开关闸刀的运动方式可分为水平旋转式、垂直旋转式、摆动式和插入式；根据装设地点可分为户内式和户外式；根据绝缘支柱数目可分为单柱式、双柱式和三柱式等。图 2-25 所示为 GW_4 型高压隔离开关。

图 2-25　GW_4 型高压隔离开关

高压隔离开关是由一动触头（活动刀片）和一静触头（固定触头或刀嘴）组成，动、静触头均由高压支撑绝缘子固定于底板上，底板用螺钉固定在构架或墙体上。

三相隔离开关是三相连动操作的，拉杆绝缘子的底部与传动杆相连，其上部与动触头相连。由传动机构带动拉杆绝缘子，再由拉杆绝缘子推动动触头的开、合动作。

第七节 重合器和分段器

由于农村电网具有负荷分散、供电半径长、线路分支多等特点，受雷电、风、雨、雪或导线摆动等所造成瞬时性故障概率较高。如何既有选择又有效地消除瞬时故障、切除永久性故障，保证无故障线路正常运行，提高供电的可靠性，这是多年来农村配电网始终存在的问题。

近年来，人们根据农村电网的特点不断地进行探索和研究，研制成比较完善的自动重合器配合自动分段器（以下简称重合器、分段器）等设备。它不仅能可靠、及时地消除瞬时故障，而且能将永久性故障引起的停断范围限制到最小。重合器是一种自行控制的装置，它能按照预先选定的断开和重合动作顺序在交流回路中自动遮断和重合，并保持合闸状态或断开闭锁状态。分段器是一种自具动能的开断装置，它能记录等于或超过预定值脉冲电流信号的次数，在达到预定的次数后当回路信号消失时能自行断开。由于重合器、分段器适用于配电网的特点，因此在有些国家配电网中已得到广泛应用。

一、重合器

1. 概述

重合器是一种自动化程度很高的设备，它可自动检测通过重合器主回路的电流，当确定是故障电流后，持续一定时间按反时限保护自动断开故障电流，并可根据要求进行多次自动重合，向线路恢复送电。如果故障是瞬时性的，重合器重合后线路恢复正常供电；如果故障是永久性故障，重合器按预先整定的重合闸次数（通常为 3 次）进行重合，确认线路故障为永久性故障，则自动闭锁，不再对故障线路送电，直至人为排除故障后重新将重合器合闸闭锁解除，恢复正常状态（当用分段器配合时，由分段器隔离故障）。

重合器的开断性能与普通断路器相似，但它比普通断路器更具有“智能化”。它能自动进行故障检测，判断电流性质，执行开合功能，并能恢复初始状态，记忆动作次数，完成合闸闭锁等。即具有自动功能、保护功能和控制功能，并且无附加操作装置，适合于户外各种安装方式。重合器的应用大大提高了供电的可靠性。

重合器自 20 世纪 30 年代末诞生以来，由于其性能优越，得到了不断地改进和发展。在美国三相重合器使用电压已发展到 69kV，开断短路电流可达 8000A，连续工作电流为 50～560A。由于重合器是断路器、继电保护装置及操动机构的组合，这就为变电站向户外式、小型化发展奠定了良好的基础。

重合器由两部分组成，即消弧部分与控制部分。消弧部分的功能是开断故障电流。消弧介质已由油消弧发展到真空或 SF_6 气体消弧。控制部分主要包括：选定或调整最小跳闸电流；选定和调整动作特性；记忆重合次数。若在选定次数内（一般为 3～4 次）重合闸不成功即自行闭锁，若在某次重合成功，经过一定时间记忆消失，自动恢复原始状态，下次发生故障时又能按预选次数重新动作。

2. 重合器的类型及结构

重合器按相数可分为单相与三相；按灭弧绝缘介质可分为油重合器、真空重合器及 SF_6 重合器；按控制方式不同重合器又可分为液压控制式和电子控制式，其中电子控制重合器的电子控制箱与重合器分开设置，两者用多芯电缆相连，控制部件是通用的；按结构可分为分布式结构和整体式结构，整体式结构是采用了高压合闸线圈，操作电源由线路提供，操动机构全部密封在绝缘箱体内，电弧依靠油熄灭，油中出现电弧，对产品运行的可靠性和使用寿命有一定的影响。分布式真空重合器采取了扬长避短的设计原则，采用先进的户外真空断路器，低压合闸电源，断路器本体设计合理，组装灵活、方便。

重合器的外形像一台油开关，如图 2-26 和图 2-27 所示。其安装方式有装于线路的电线杆上、变电所的构架上、变电所的混凝土基础上这 3 种。在现场维修时，不需要特殊工具和起吊设备，便于安装和维护。

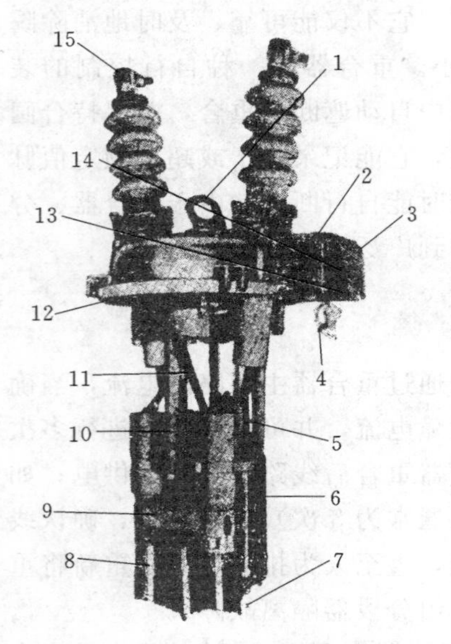

图 2-26 单相液压控制的重合器结构

1—吊环；2—铭牌；3—防雨帽；4—操作杆；5—避雷器；6—分闸线圈；7—隔弧板；8—动触杆；9—断路器灭弧室；10—绝缘支持棒；11—液压泵油塞；12—环形垫片；13—手动把手；14—计数器；15—线夹

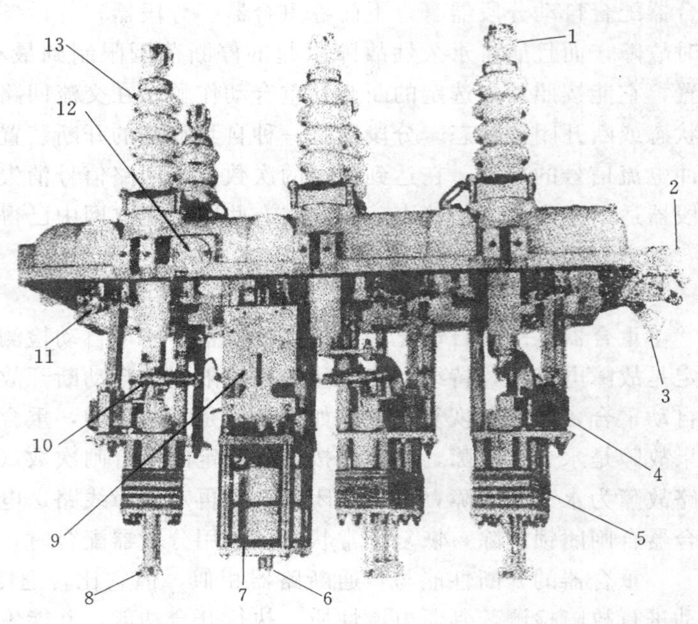

图 2-27 三相液压控制的重合器结构

1—线夹；2—防雨帽；3—操作杆；4—分闸线圈；5—断路器；6—定时孔（调整重合时间）；7—合闸线圈；8—动触头；9—合闸接触器；10—熔丝；11—延时装置；12—引线端口；13—瓷套管

3. 重合器的性能

(1) 过电流灵敏度高。当网络发生故障跳闸后能自动重合，其连续动作次数可以调整为 1、2、3、4 次。一般为 4 次。第一、第二次为快速跳闸，动作时间小于 0.03～0.04s。这种快速跳闸使系统设备减少损坏，然后经时间间隔 1～1.5s 后再次重合，若故障仍未消除，第三、第四次延时跳闸，其延时间隔均为 0.14s，这种延时目的是便于与其他保护设备配合，如分段器、跌落式熔断器等。

表 2-1　重合器的自动重合成功率

重合次数	重合成功数	重合成功率(%)
第一次	896	88.7
第二次	46	4.5
第三次	13	1.3
永久故障跳闸闭锁	55	5.5

重合器第四次跳闸后即自动闭锁，将故障线路切断，继续维持网络其他部分运行。要恢复送电，须待排除故障后才能手动合闸。

配电系统故障约有 95% 为瞬时性故障，所以重合器重合成功的概率是很高的。表 2-1所示为对 1000 次故障自动重合器重合成功率的统计资料。

（2）自动复位。重合器动作合闸后若故障消失，重合成功，重合器经过很短时间会自动恢复原始状态，准备下一次发生故障时又能按预定次数重新动作。

（3）自我控制性能。重合器不需要外加电源和辅助装置能自行完成过流保护的性能。

（4）可调特性。更换跳闸线圈即可改变最小跳闸电流值。若是电子控制的重合器，不用打开油箱即可在控制板上调换插件选择特性曲线、最小跳闸值、重复时间间隔及恢复时间。

4. ESR 型电子控制重合器

ESR 型重合器作为一种新的产品，其主要特点为：①性能可靠，在国内运行多年，未发生过因控制器所导致的事故及不正常运行；②采用了高压合闸线圈，直接从电源 10kV 获取合闸能源，尤其是户外线路上采用时更为方便。绝缘及灭弧介质采用 SF_6 气体，体积小，重量轻。

重合器的控制采用了计算机控制系统，具有 0.5%～95%接地故障电流，5%～225%额定电流（相间故障）的调整范围，可适合不同条件下的使用，有 4 次快、慢或快慢组合的操作顺序，有 17 条安—秒特性曲线，满足上下级保护的配合，有较宽的重合闸间隔时间、复位时间、接地故障延时时间的调整。具有远控、手控、就地操作等功能。采用 SF_6 气体绝缘，彻底消除了常规油的作用。开断性能好，不会产生截流现象。

ESR 型重合器可分为 3 个主要部件：

（1）机构及灭弧室导电部分，固定在上盖端。

（2）下罐与上盖构成密封，罐内充有 SF_6 气体作为灭弧和绝缘介质。

（3）电子控制部分是执行和控制重合器的核心，有安—秒特性曲线簇，操作顺序，重合闸间隔，复位时间，动作电流值调整。接地故障投入、远控等均由控制器来完成。

它是一个密封体，见图 2-28，下部为一无缝钢罐，上部为一个平坦的盖板，板上装有环氧树脂绝缘的三相进、出引线、操动机构和彼此分离的三相组件。每相组件包括动、静触头、旋弧装置和绝缘支持件。触头形式为单断口、闸刀式。触指系统靠弹簧加压，动、静触头端部为耐弧材料。

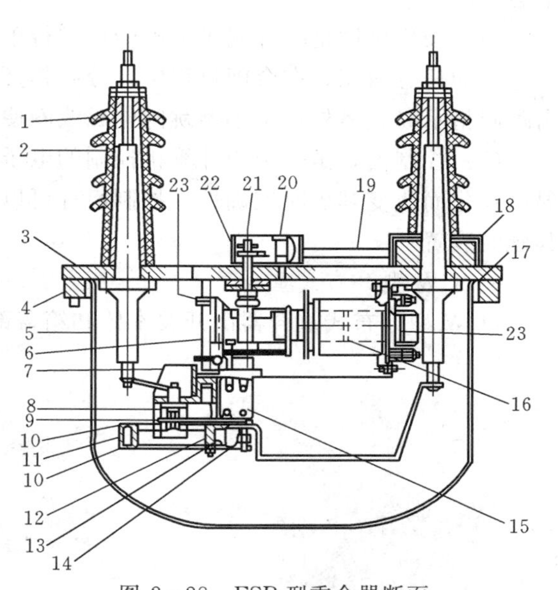

图 2-28 ESR 型重合器断面

1—瓷套；2—导电杆；3—上盖；4—固定环；5—箱体；6—转轴；7—绝缘隔板；8—静触头；9—动触头；10、11—动触头支撑架；12—线圈；13—支撑架；14、15—绝缘架；16—机构；17—密封垫；18—互感器；19—连杆；20—充放气阀；21—手动操作轴；22—护盖；23—机构轴连板

罐内 SF_6 气体在 20℃时为 3.5×10^5Pa 表压。罐内构架上的涤纶小袋内装有分子筛，以吸附罐内潮气和与电弧作用后的

SF_6 分解物。

盖板上三相进、出线的环氧树脂外部套有瓷罩。三相时线瓷套管下部各配有一个铁盒，其内装有供接地故障和过电流保护用的电流互感器。

它的控制箱是钢制密封，直接装在顶盖下，箱中有继电器、电池和舌簧接点，以单板微处理机式电子继电器系统作为控制和保护装置。继电器系统由三相电流互感器（TA）测出的电流连续不断地反映线路的电流，并按整定好的操作顺序对线路的各类故障作出反应。但除了线路故障时可自动分合外，也可以就地或远方进行手动操作。远方操作是一套供选用的电动系统。

5. PMR 型 SF_6 重合器

PMR 型 SF_6 重合器其原理完全与 ESR 型重合器相同，该重合器的优点是机构比 ESR 要简单得多，以 SF_6 气体作为灭弧和绝缘介质，利用旋弧原理设计断路器。以计算机技术实现数据信号采集和控制。操作触头及机构系统同 ESR 一样，均密封在 SF_6 气体容器中。

PMR 型自动重合器主要由以下几个部分组成：

（1）上端盖，用来安装绝缘套管，旋弧灭弧室，开断灭弧室和电磁铁闭合线圈机构。

（2）主容器，用来安装灭弧室及操作机构，并充有 SF_6 气体。

（3）户外型的控制箱，其内装微机型控制板及蓄电池，可根据安装的需要整体或分体组装。

（4）操作机构是一种利用电磁能量进行单次闭合的机构。高压电磁合闸线圈跨接于输入电源的任意两相。在合闸过程中，分闸弹簧储能并利用脱扣机构扣住，当微型计算机发出跳闸指示时，另外一个小型跳闸电磁线圈便会把脱扣机构打开，重合器继而跳闸。

（5）控制器，是一个用计算机控制的电子继电器。它没有绝缘油计数器的弊端，即受温度变化而改变其延时准确性。控制组件可以提供选择和调整重合闭锁前的重合闸次数及其延时装置。

6. ZCW 型分布式重合器

ZCW 型分布式重合器由开关本体和箱盖部分组成，如图 2－29 所示。

图 2－29　ZCW—12/630—12.5 型分布式重合器（消弧部分和控制部分）

（1）开关本体部分。三相开关用真空开关管分别固定在绝缘框架上，由一根主轴与机构相连接，对称性和稳定性好，与外部连接采用插接方式，插接触头采用梅花触指，与箱盖连接采用对角定位方法，使插接部分保持接触良好。

（2）箱盖部分。作为外部进出线连接之用，由 6 只绝缘套管支撑，并附有 0.5 级（B级）保护电流互感器，其变比为 200～630/5/1，以作为常规保护或重合器保护，根据用户需要配备 0.2 级计量电流互感器。

(3) 操作机构采用弹簧储能机构，合闸、分闸能量小，具备快速重合闸要求，动作性能可靠，维护检修比较方便，机构除具有手动、电动远方合分闸控制功能外，根据用户需要还可以配备过流脱扣功能，应用灵活。

断路器开断电流能力为 12.5kA，开断次数满容量连续开断 30 次，额定电流为 630A，机械寿命为 10000 次；控制部分利用了全套进口的重合器控制装置，配置了外部接口板。控制器检测信号由断路器的三相电流互感器中引入，由控制器实现对信号自动检测、处理、保护控制等功能。

分布式重合器采用了低压合闸机构，与常规重合器相比，具有以下几个方面优点：

(1) 使操作机构与本体高压电源分离，大大方便了设备的安装、调试及运行维护，避免了因机构或部件损坏导致重合器不能运行的问题。

(2) 提高了设备的绝缘水平及可靠性。由于高压辅助开关需开断线圈电流，辅助开关不具备灭弧装置，完全依靠重合器中的油或气体灭弧。取消了高压合闸线圈，同时取消了两对高压辅助开关。

(3) 调试方便，避免了采用高压电源调试的复杂性和危险性，可直接用低压电源操作，安全简单。

(4) 保护功能大大增强，各种特定参数设定方便、灵活，可以在运行条件下更改，不再需要将重合器停电解体后进行。

(5) 能方便地实现远方控制，可用 RTU 实现无人值守变电站，便于远方监控和操作。

二、分段器

1. 概述

分段器是配电系统中用来隔离故障线路区段的自动保护装置。通常与后备自动重合器或断路器配合使用。分段器不能开断故障电流。当分段线路发生故障时，分段器的后备保护重合器或断路器动作，分段器的计数功能开始累计重合器的跳闸次数。当分段器达到预定的记录次数后，在后备装置跳开的瞬间自动跳闸分断故障线路段。重合器再次重合，恢复其他线路供电。若重合器跳闸次数未达到分段器预定的记录次数已消除了故障，分段器的累计计数在经过一段时间后自动消失。恢复初始状态。

2. 分段器的类型及结构

分段器按相数分为单相、三相分段器，按灭弧介质分为油、空气、SF_6 分段器；按控制方式分为液压控制、电子控制式分段器；按动作原理分有跌落式、重合式分段器等。由于分段器不要求开断故障电流，所以分段器的结构比重合器简单，其结构如图 2－30 所示。

3. 分段器的动作原理

(1) 液压计数分段器控制原理。液压控制分段器的液压机构如图 2－31 所示。当流过分段器的线路电流大于线圈的额定电流的 1.6 倍时，棒式铁芯被吸且向下移动压缩弹簧。油通过铁芯中的孔道流到铁芯的空间。当故障电流切除后，铁芯被释放，铁芯空间的油使分闸活塞上移，表示升高一个位置，于是分段器以这种方式记下后备保护开断一次故障电流（或在分段器的负荷侧发生一次短路故障）。由此可见，仅当线路故障被开断后，分段

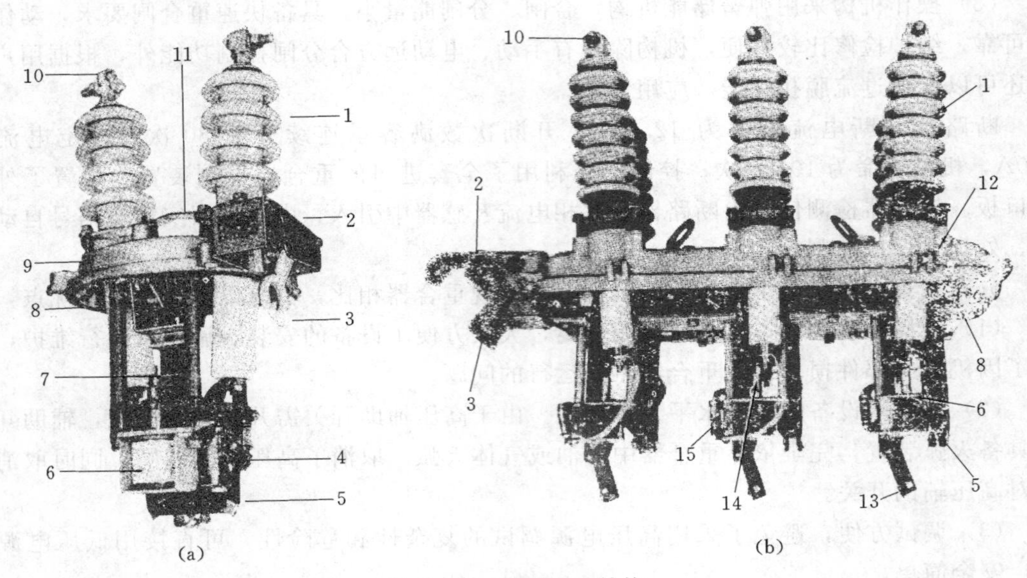

图 2-30　分段器的结构

(a) 单相分段器结构；(b) 三个分段器结构

1—瓷套管；2—雨雪防护罩；3—手动操作杆；4—旁路放电器；5—静触头；6—工作绕组；7—跳闸机构调整杆；8—环形密封垫；9—顶盖；10—接线柱；11—提升带；12—顶管；13—动触头；14—跳闸机构连杆；15—放电器

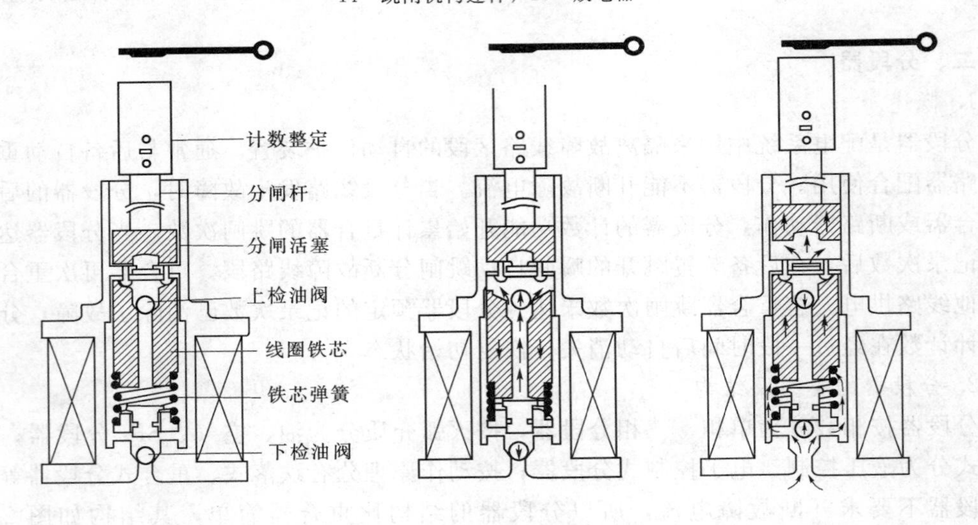

图 2-31　液压控制分段器的工作原理

器才进行计数。

后备保护重合后，若故障电流仍然存在，则铁芯被吸下，重复上一次计数过程，使分段器记下后备保护的第二次开断。

若线路故障持续到后备保护的第三次开断（分段器调整为 3 次计数），则分闸活塞将分闸杠杆升至足够的高度，释放分闸锁扣，分段器切断故障线路段。

若线路是瞬时故障，并在后备保护的第三次开断之前被消除，则分段器的分闸活塞缓慢向下返回其初始位置，同时消除“计数”。液压分段器的复位时间，大约每分钟复位一次计数。

液压控制分段器的最小启动（计数）电流为其串联线圈额定电流的1.6倍，改变分段器启动电流需更换串联线圈。

（2）电子控制分段器控制原理。电子控制分段器利用电子元件实现计数，电子控制分段器取消了串联线圈和液压计数机构，线路过电流靠分段器的套管式电流互感器进行检测。电流互感器二次侧的电流经隔离变压器和整流，进入计数元件（继电器），对计数电容器充电，计数电容器将其所储能量供给计数和记忆电路。当达到额定的计数次数后，电路导通，并由分闸储能电容驱动分闸脱扣线圈。若线路故障是瞬时性的，分段器的电子记忆将在整定的记忆时间内保持其计数，而后缓慢将计数清零。

电子控制分段器具有多种抑制功能，提高了动作的选择性，使分段器可有效地区分哪些是在其保护范围内出现的故障。如电压抑制功能可使分段器不误动于不是其后备保护所开断的线路故障电流。冲击电流抑制功能可使分段器不误动于网络中的合闸涌流等。

（3）跌落式单相分段器动作原理。跌落式分段器的外形与跌落式熔断器相似，但其“熔管”是主回路中的载流管。该分段器采用逻辑电路控制。控制电路板装在载流管内，其工作电源来自套在载流管上的电流互感器，正常负荷状态下，逻辑电路处于截止状态。当线路电流大于分段器的启动电流时，逻辑电路导通，给分闸电容和计数电容充电。当线路故障被后备保护切断后，计数元件完成一次计数，并将此信号保持15s。后备保护（断路器、重合器）在15s内重合，若故障仍然存在，即线路电流大于分段器的启动电流，则逻辑电路便认为线路故障是永久性的，开始准备第二次计数。当故障开断后，完成第二次计数，并用电容器储能的能量去驱动启动器，释放分闸脱扣。使载流管跌落，分段器分闸，隔离线路故障区段。由于启动器仅用于脱扣，所需能量不大，且载流管跌落时已无电流，故分段器分闸的噪声很小。尤其是我国目前采用断路器的线路，采用跌落式分段器与断路器配合，不作任何改变即可，对提高供电可靠性有明显效果。不足之处是：这种分段器动作后需更换启动器，然后手动重新投入。

（4）自动配电开关（重合式分段器）。自动配电开关的功能和作用与分段器类似，是分段器的一种，当采用具有开断能力的开关时，可作为重合器方案用，能对线路区段故障进行自动判断，当确认是本自动配电开关闭合而引起的故障，在上级保护开关分断后自动分断，并实现闭锁。自动配电开关与分段器的主要区别是自动配电开关具有延时的合闸功能，延时时间根据系统保护及用户要求来确定，以区别故障是哪一级配电开关引起。

4. FDKW—10（F）型户外跌落式单相分段器

FDKW—10（F）系列户外高压跌落式分段器是一种电子式单相自动分段器，其外形与普通的RW型10kV高压熔断器相似，如图2-32所示。它适用于额定电压10kV的三相配电系统。安装在支路或干路上与重台器或具有一次以上重合闸功能的断路器配合使用，隔离永久性故障区段保证无故障线路正常运行。缩小停电范围，不需检修人员沿线查找故障点，故障处理后在现场可直接恢复送电。该产品可以记忆流过故障电流的次数，识别永久性或瞬时性故障，能合分130A的负荷电流，记忆装置能在故障电流消失后的整定时间内复位。该产品很适合安装在支路多、线路长的配电网中，具有体积小、安装维护方

图 2-32　FDKW—10（F）型
户外跌落式分段器

便、使用灵活、价格便宜等多方面优点，并能大大减少线路故障查询时间，提高供电可靠性。其特点如下：

（1）隔离故障区段，提高供电可靠性。

（2）可带负荷操作替代负荷开关。

（3）具有明显断开点，无需装设隔离开关。

（4）性能价格比高，价格是国内其他类型分段器的1/10，是国外分段器的1/20。

5. 液压型三相分段器

液压交流自动分段器是采用变压器油作为灭弧和绝缘介质，其油同时兼作为计数之用，它是三相共体联动。具有三级处于油中的双断口触头，每回导电回路中都串联着一个液压计数器和计数器启动线圈，三相进出引线由6只瓷套管引出。操作方式为手动操作，操作手柄在箱盖前端防雨罩的底下，与分段器连成一体。操作机构及3根导电回路由8颗螺钉固定在箱体上盖上。

液压式分段器主要有箱盖、操作机构、油箱瓷套、导电动静触头、计数机构、启动线圈、脱扣机构组成。操作机构是安装在一块金属板上，当手动合闸时，将操作手柄沿顺时针方向向上提，促使合闸弹簧储能，当弹簧储能位置过某一点时，能量突然释放，带动拐臂传动，使动触杆带动动触头向上运动，到完全合闸位置，分段器在合闸的同时，对分段器分闸弹簧储能，保证分闸的时间和速度。

第八节　熔　断　器

熔断器是最早被采用的，也是最简单的一种保护电器。它串联在电路中使用。当电路中通过过负荷电流或短路电流时，利用熔体产生的热量使它自身熔断，切断电路，以达到保护的目的。

一、熔断器的工作原理

熔断器主要由金属熔体、连接熔体的触头装置和外壳组成。金属熔体是熔断器的主要元件，熔体的材料一般有铜、银、锌、铅和铅锡合金等。熔体在正常工作时，仅通过不大于熔体额定电流值的负载电流，其正常发热温度不会使熔体熔断。当过载电流或短路电流通过熔体时，熔体便熔化断开。

熔体熔断的物理过程如下：当短路电流或过负荷电流通过熔体时，熔体发热熔化，并进而汽化。金属蒸气的电导率远比固态与液态金属的电导率低，使熔体的电阻突然增大，电路中的电流突然减小，将在熔体两端产生很高的电压，导致间隙击穿，出现电弧。在电弧的作用下产生大量的气体促成强烈的去游离作用而使电弧熄灭或电弧与周围有利于灭弧的固体介质紧密接触强行冷却而熄灭。

二、熔断器的工作性能

熔断器的工作性能，可用下面的特性和参数表征。

1. 电流—时间特性

熔断器的电流—时间特性又称熔体的安—秒特性，用来表明熔体的熔化时间与流过熔体的电流之间的关系，如图2－33所示。一般来说，通过熔体的电流越大，熔化时间越短。每一种规格的熔体都有一条安—秒特性曲线，由制造厂给出。安—秒特性是熔断器的重要特性，在采用选择性保护时，必须考虑安—秒特性。

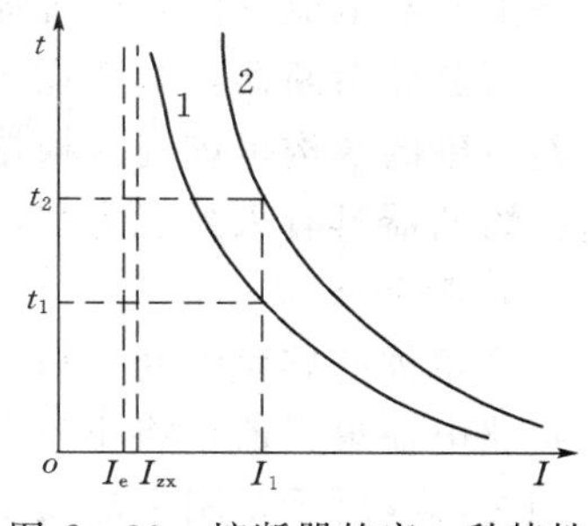

图 2－33　熔断器的安—秒特性

1—熔件截面较小；2—熔件截面较大

2. 熔体的额定电流与最小熔化电流

从安—秒特性曲线中可以看出，随着电流的减小，熔化时间将不断增大。当电流减小到某值时，熔体不能熔断，熔化时间将为无穷长。此电流值称为熔体的最小熔化电流 I_{zx}。因此，熔体不能长期在最小熔化电流 I_{zx}下工作，这是因为在 I_{zx}附近的熔体安—秒特性是很不稳定的。熔体允许长期工作的额定电流 I_e 应比 I_{zx}小，通常最小熔化电流约比熔体的额定电流大 1.1～1.25 倍。

熔断器的额定电流与熔体的额定电流是两个不同的值。熔断器的额定电流是指熔断器载流部分和接触部分设计时所根据的电流。而熔体的额定电流是指熔体本身设计时所根据的电流。在某一额定电流的熔断器内，可安装额定电流在一定范围内的熔体，但熔体的最大额定电流不允许超过熔断器的额定电流。

3. 短路保护的选择性

熔断器主要用在配电线路中，作为线路或电气设备的短路保护。由于熔体安—秒特性分散性较大，因此在串联使用的熔断器中必须保证一定的熔化时间差。如图 2－34 所示，主回路用 20A 熔体，分支回路用 5A 熔体。当 A 点发生短路时，其短路电流为 200A，此时熔体 1 的熔化时间为 0.35s，熔体 2 的熔化时间为 0.25s，显然熔体 2 先断，保证了有选择性切除故障。如果熔体 1 的额定电流为 30A，熔体 2 的额定电流为 20A，若 A 点短路电流为 800A，则熔体 1 的熔化时间为 0.04s，熔体 2 为 0.026s，两者相差 0.014s，若再考虑安—秒特性的分散性以及燃弧时间的影响，在 A 点出现故障时，有可能出现熔体 1 与熔体 2 同时熔断，这一情况通常称为保护选择性不好。因此，当熔断器串联使用时，熔体的额定电流等级不能相差太近。

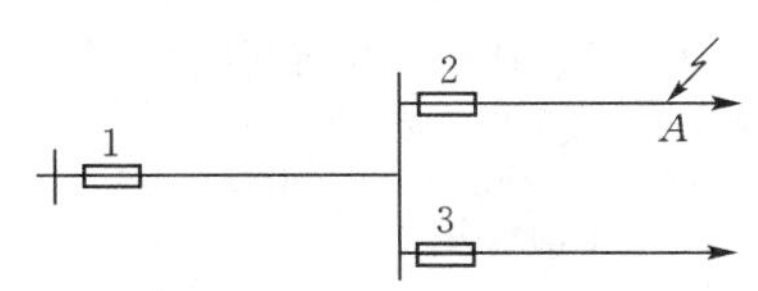

图 2－34　熔断器配合接线

4. 额定开断电流

熔断器的额定开断电流主要取决于熔断器的灭弧装置。根据灭弧装置结构不同，熔断器大致分为两大类，即喷逐式熔断器与石英砂熔断器。

喷逐式熔断器，电弧在产气材料制成的消弧管中燃烧与熄灭。这种熔断器与内能式油断路器相似。开断电流越大，产气量亦越大，气吹效果越好，电弧越易熄灭。当开断电流很小时，由于电弧能量小，产气量也小，气吹效果差，可能出现不能灭弧的现象。因此，在喷逐式熔断器中，有时还存在一个下限开断电流的问题。故选用喷逐式熔断器时必须注意下限开断电流（由生产者提供）问题。

石英砂熔断器，电弧在充有石英砂填料的封闭室内燃烧与熄灭。当熔体熔断时，电弧在石英砂的狭沟里燃烧。根据狭缝灭弧原理，电弧与周围填料紧密接触受到冷却而熄灭。这种熔断器具有灭弧能力强，燃弧时间短，并有较大的开断能力。

5. 限流效应

当熔体的熔化时间很短，灭弧装置的灭弧能力又很强时，线路或电气设备中实际流过的短路电流最大值，将小于无熔断器时预期的短路电流最大值，这一效应称为限流效应，如图 2-35 所示。图中曲线 1 为短路电流的电流波形，曲线 2 为短路电流被切断时的电流波形。短路电流上升到 m 点时，熔体熔化产生电弧，短路电流由此值减小到零。t_{hu} 为燃弧时间。

有限流效应的熔断器至少有两个优点：一是线路中实际流过的短路电流值小于预期短路电流，这样对线路及电气设备电动稳定性和热稳定性的要求均可降低；二是开断过程中电弧能量小，电弧容易熄灭。

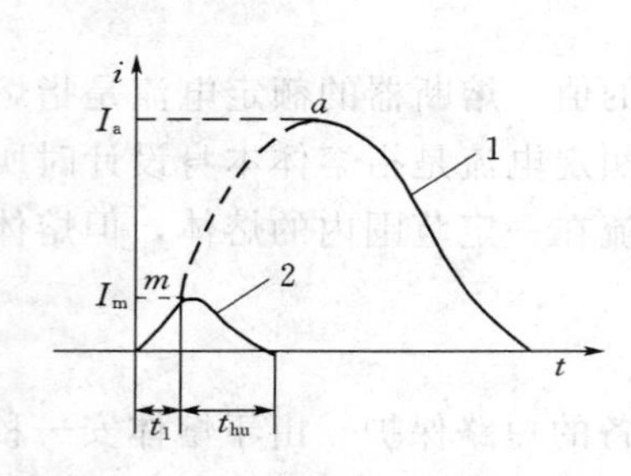

图 2-35 限流熔断器的限流效应

1—短路电流的电流波形；2—短路电流被切断时的电流波形

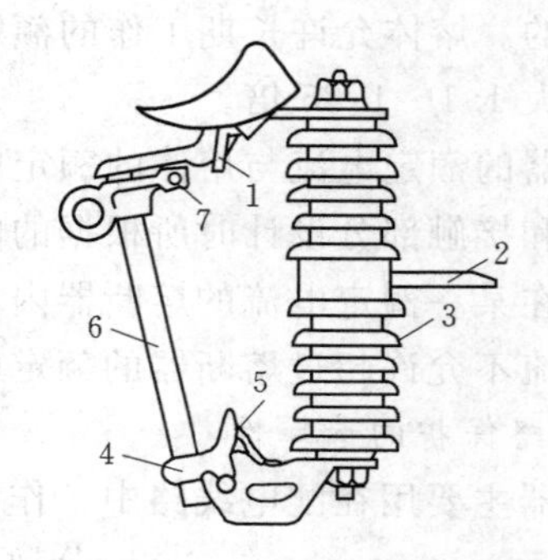

图 2-36 10kV 户外跌落式熔断器

1—上静触头；2—安装固定板；3—瓷瓶；4—下动触头；5—下静触头；6—熔管；7—上动触头

三、熔断器的种类

熔断器的种类很多，按电压可分为高压和低压熔断器，按装设地点又可分为户内式和户外式，按结构可分为螺旋式、插片式和管式，按是否有限流作用又可分为限流式和无限流式熔断器等。10kV 户外跌落式熔断器，如图 2-36 所示。它适用于变压器的短路保护。当熔丝熔断时，上动触头的活动关节不再与上静触头接触，熔管在上下触头压力推动下，加上熔管自身重量的作用，使熔管自动跌落，形成明显可见的隔离间隙，跌落式熔断器的名词由此而来。

思考题

1. 什么叫电弧？电弧有什么危害性？

2. 为什么说：产生电弧的主要条件是强电场发射电子；电弧产生的主要原因是碰撞游离；维持电弧燃烧的主要原因是热游离？

3. 交流电弧电流波形有什么特点？

4. 什么叫做热击穿和电击穿？灭弧能力强的断路器和灭弧能力弱的断路器各自容易产生什么击穿？为什么？

5. 熄灭交流电弧的条件是什么？开关电器常采用的灭弧方法有几种？

6. 不同开关电器都有哪些要求？

7. 少油断路器与多油断路器有何区别？

8. SF_6 气体都有哪些性能？SF_6 灭弧室结构有几种？

9. 重合器具备哪些性能？

10. 熔断器和油断路器的灭弧方式属于自能式灭弧还是外能式灭弧？在额定开断范围内，它们熄灭小电流的故障时间短还是熄灭大电流的时间短？为什么？

11. 隔离开关的主要作用和特点是什么？

12. 简述熔断器的限流效应。

第三章 互 感 器

第一节 概 述

互感器是电力系统中提供测量和保护用的重要设备，无论大、中、小变电站都离不开互感器，互感器可以把高电压、大电流改变成低电压、小电流，其作用有以下几个：

(1) 使测量仪表和继电器与高压装置在电气方面很好地隔离，以保证工作人员的安全。

(2) 使测量仪表标准化小型化，可以采用小截面的电缆进行远距离测量。

(3) 当电路发生短路时，仪表和电流线圈不受冲击电流的影响。

应注意的一点是：为了确保人在接触测量仪表和继电器时的安全，互感器二次绕组必须接地，这样当互感器一、二次绕组间绝缘损坏时，可防止在仪表和继电器上发生高压危险。

第二节 电 流 互 感 器

一、电流互感器的工作原理及特点

目前电力系统中广泛采用的是电磁式电流互感器（以下简称电流互感器，用字母 TA 表示）。它的工作原理和变压器相似，如图 3-1 所示。在一次绕组中通入一个额定电流 I_{1e}，根据电磁感应原理，会在二次绕组中感应出一个电流 I_{2e}来，二次绕组接上仪表即可反映一次电流的大小。电流互感器一、二次额定电流之比称为电流互感器的额定互感比，即

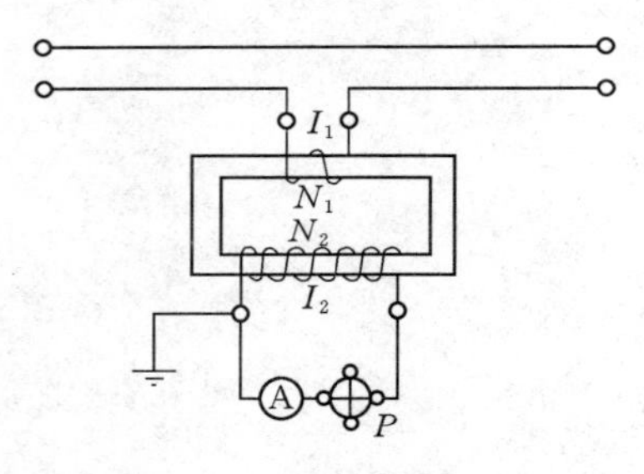

图 3-1 电流互感器工作原理

$$k_i = I_{1e}/I_{2e} \tag{3-1}$$

电流互感器的特点：①一次绕组串联在电路中，并且匝数很少，故一次绕组中的电流完全取决于被测电路的负荷电流，而与二次电流大小无关；②电流互感器二次绕组所接仪表或继电器的电流线圈阻抗很小，所以正常情况下，电流互感器在近于短路的状态下运行。

电流互感器直接串接在主回路中，由一次电流转换为可计量的二次电流，通常电流互感器的额定变比标准规定为 50/5、75/5、100/5、150/5、200/5、300/5、400/5、600/5 等。

二、电流互感器的误差

电流互感器的等值电路及相量图如图 3-2 所示。图中以二次电流 $\dot{I}'_2$ 为基准，画在第一象限水平轴上，即 $\dot{I}'_2$ 初相角为 0°。二次电压 $\dot{U}'_2$ 较 $\dot{I}'_2$ 超前二次负荷功率因数角 φ_2，$\dot{E}'_2$

超前 $\dot{I}_2'$ 二次总阻抗角 α。铁芯磁通 $\dot{\Phi}$ 超前 $\dot{E}_2'$ 90°。励磁磁势 $\dot{I}_0N_1$ 对 $\dot{\Phi}$ 超前铁芯损耗角 ψ。根据磁势平衡原理 $\dot{I}_1N_1+\dot{I}_2N_2=\dot{I}_0N_1$ 和相量图可知，一次通过的实际电流与二次电流测量值乘以额定互感比以后所得的值在数值和相位上都有差异，即有测量误差。这是由于电流互感器存在励磁损耗和磁饱和等而引起的。这种误差通常用电流误差和角误差（相对误差）来表示，其定义为：电流误差为二次电流测量值乘额定互感比所得的值与实际一次电流之差，以后者的百分数表示，即

$$f_i=\frac{K_iI_2-I_1}{I_1}\times 100\ (\%) \tag{3-2}$$

角误差为二次电流相量旋转 180°后与一次电流相量所夹的角，并规定 $-\dot{I}_2'$ 超前于 $\dot{I}_1'$ 时，角误差为正值；反之为负值。

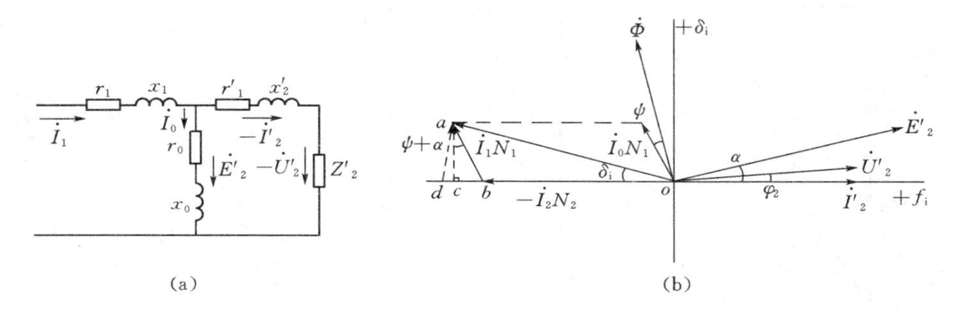

图 3-2 电流互感器

(a) 等值电路；(b) 相量图

由磁势平衡方程可知，当励磁损耗很小时，$K_i=\frac{I_1}{I_2}\approx K_e=\frac{N_2}{N_1}$，故式（3-2）可以写成

$$f_i=\frac{I_2N_2-I_1N_1}{I_1N_1}\times 100\ (\%) \tag{3-3}$$

式（3-3）中 I_2N_2 及 I_1N_1 只表示其绝对值的大小，当 $I_1N_1>I_2N_2$ 时，电流误差为负；反之为正。由相量图可得，$I_2N_2-I_1N_1=Ob-Od=-bd$，当 δ_i 很小时，$bd\approx bc$，则

$$f_i=-\frac{I_0N_1}{I_1N_1}\sin(\psi+\alpha)\times 100\ (\%) \tag{3-4}$$

$$\delta_i=\sin\delta_i=\frac{I_0N_1}{I_1N_1}\cos(\psi+\alpha)\times 3440\ (分) \tag{3-5}$$

式（3-4）、式（3-5）即为电流互感器相对误差的表达式。可见 I_0N_1/I_1N_1 在横轴上的投影是相对电流误差，I_0N_1/I_1N_1 在纵轴上的投影是相对角误差。

三、电流互感器的运行参数对误差的影响

如前所述，电流互感器的误差主要由励磁损耗和磁饱和等因素而引起。励磁损耗的大小直接影响着误差的大小，而励磁损耗又主要由互感器的结构参数决定。有关这种因素应在互感器的设计和制造中予以综合考虑。下面仅就互感器运行参数对误差的影响进行

分析。

1. 一次电流的影响

一次电流 I_1 与互感电势 E_2 和磁感应强度 B 成正比，而且还与磁导率 μ 及铁芯损耗角 ψ 有关。磁感应强度 B（即 I_1）与磁导率 μ 的关系如图 3-3 所示。由关系曲线可知，铁芯损耗角 ψ 随磁场强度的大小而变化。为了减少电流互感器的误差，一般铁芯选用的磁感应强度不大，在额定二次负荷下，一次电流为额定值时，约为 0.4T，相当于图 3-3 中磁化曲线的 a 点附近。当一次电流 I_1 减小，μ 值将逐渐下降，由于磁导率下降励磁损耗增大，故误差 f_i 和 δ_i 随 I_1 减小而增大，但由于随磁场强度 H 减小而减小，故 δ_i 比 f_i 增加快些，其误差变化特性曲线如图 3-4 所示。当系统发生短路，一次电流为数倍于额定电流时，相当于图 3-3 中 b 点以上，由于铁芯开始饱和，μ 值下降，因而误差随 I_1 增加而加大，其变化特性曲线 f_i 比 δ_i 增加快些。

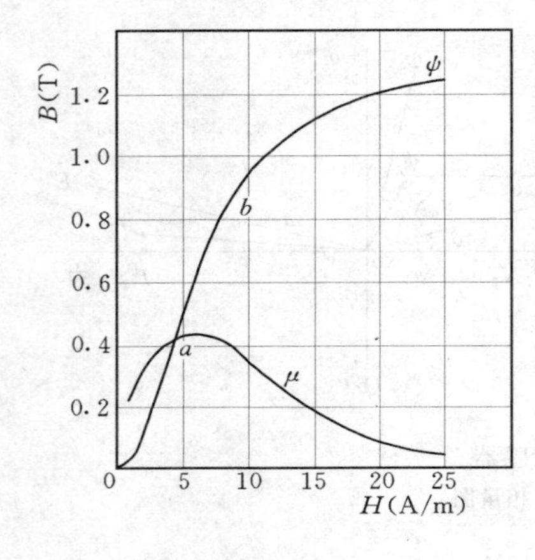

图 3-3 磁化曲线

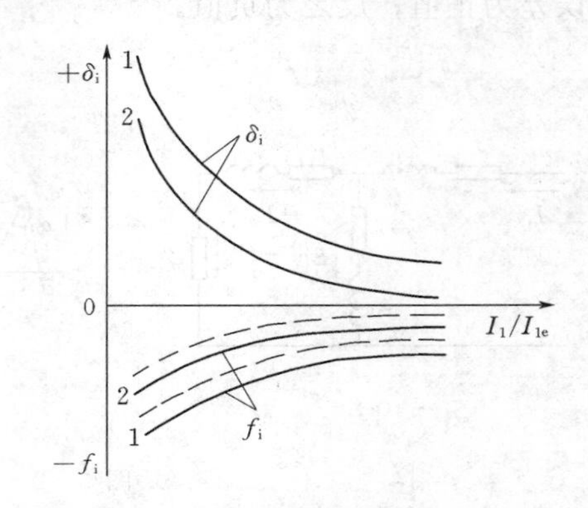

图 3-4 电流互感器正常工作误差特性曲线

1—额定负荷；2—25%额定负荷

2. 二次负荷阻抗及功率因数对误差的影响

当功率因数不变时，增加二次负荷阻抗 Z_2，I_2 减小，依磁势平衡原理 $\dot{I}_1N_1+\dot{I}_2N_2=\dot{I}_0N_1$，$\dot{I}_0N_1$ 将增加，因而 f_i 及 δ_i 增大。当二次负荷功率因数角 φ_2 增加时，由图 3-2 可见 α 角增大，使 f_i 增大，而 δ_i 减小；反之 φ_2 减小时，f_i 减小，而 δ_i 增大。

3. 电流互感器二次绕组开路的影响

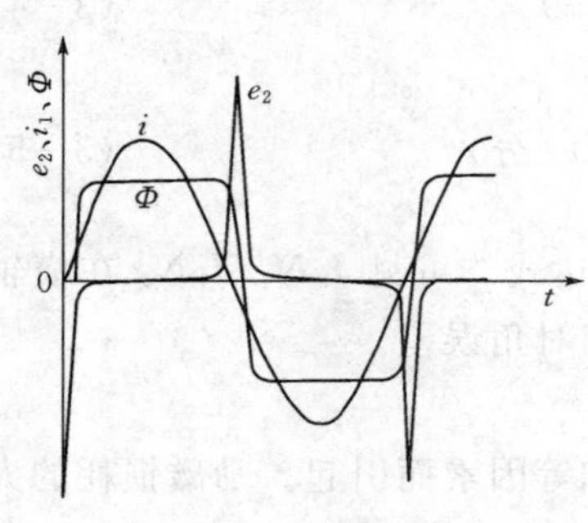

图 3-5 电流互感器二次开路时 i_1、e_2 和 Φ 的变化曲线

二次绕组开路会产生下列现象：电流互感器由正常短路工作状态变为开路工作状态，即 $I_2=0$，励磁磁势由正常为数甚小的 $\dot{I}_0N_1$ 骤增为 $\dot{I}_1N_1$。由于铁芯饱和，磁通的波形畸变为矩形波，而二次绕组感应电势是与磁通的变化率 $\mathrm{d}\Phi/\mathrm{d}t$ 成正比的，因此二次绕组将在磁通过零时，感应产生很高的尖顶波电势，其值可达上万伏，如图 3-5 所示。由此产生的后果是：危及工作人员的人身安全和仪表、继电器的绝缘；磁感应强度骤增使铁芯损耗增加，引起过热使铁芯和绕组都有被损坏的危险；在铁芯中还会产生剩磁使互感器误差增大。因此，电流互感器一次侧通有电流时，二次

绕组是不允许开路的。

四、电流互感器的准确级与额定容量

1. 电流互感器的准确级

电流互感器根据测量时误差的大小而划分为不同的准确级，准确级是指在规定的二次负荷范围内一次电流为额定值时的最大误差限值。我国电流互感器准确级和误差极限见表3-1。

表3-1　电流互感器的准确级和误差极限

准确级次	一次电流为额定电流的百分数（%）	误差极限		二次负荷变化范围
		电流误差（±%）	角误差（±′）	
0.2	10	0.5	20	(0.25～1) S_{2e}
	20	0.35	15	
	100～120	0.2	10	
0.5	10	1	60	
	20	0.75	45	
	100～120	0.5	30	
1	10	2	120	
	20	1.5	90	
	100～200	1	60	
3	50～120	3.0	不规定	(0.5～1) S_{2e}
10	50～120	10		
B	100	3	不规定	S_{2e}
	100n[①]	-10		

① n为额定10%倍数。

电流互感器根据测量时误差的大小而划分为不同的准确级。电流互感器保护级与测量级的准确级要求有所不同，对于测量级电流互感器的要求是在正常工作范围内有较高的准确度，而保护级电流互感器主要是在系统短路时工作，一般只要求3～10级，但是对在可能出现的短路电流范围内，则要求互感器最大误差限值不得超过-10%。当电流互感器所通过的短路电流为一次额定电流的n倍时，其误差达到-10%，n称为10%倍数，而10%倍数与互感器二次允许最大负荷阻抗Z_{2e}的关系曲线$n=f(Z_{2e})$便叫做电流互感器的10%误差曲线，如图3-6所示。通常，10%误差曲线由制造厂家提供，只要

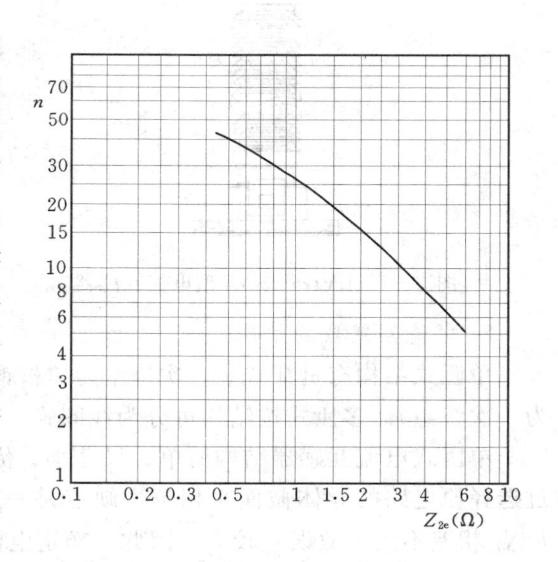

图3-6　电流互感器10%误差曲线

电流互感器实际二次负荷不超过按最大一次电流倍数从曲线上查出的 Z_{2e} 值，就保证了误差不超过－10％。

2. 电流互感器的额定容量

电流互感器的额定容量 S_{2e} 指电流互感器在额定二次电流 I_{2e} 和额定二次阻抗 Z_{2e} 下运行时，二次绕组输出的容量（$S_{2e}=I_{2e}^2Z_{2e}$）。由于电流互感器的二次电流为标准值（5A 或 1A），故其容量也常用额定二次阻抗来表示。

五、电流互感器的分类与结构

1. 电流互感器的分类

按安装地点可分为户内式和户外式。20kV 及以下制成户内式；35kV 及以上多制成户外式。

按安装方式可分为穿墙式、支持式和装入式。穿墙式装在墙壁或金属结构的孔中，可节约穿墙套管；支持式则安装在平面或支柱上；装入式是套在 35kV 及以上变压器或多油断路器油箱内的套管上，故也称为套管式。

按绝缘可分为干式、浇注式、油浸式等。干式用绝缘胶浸渍，适用于低压户内型电流互感器；浇注式利用环氧树脂作绝缘，目前仅用于 35kV 及以下的电流互感器；油浸式多为户外型。

按一次绕组匝数可分为单匝式和多匝式。

图 3－7 和图 3－8 所示为两种电流互感器的外形结构。

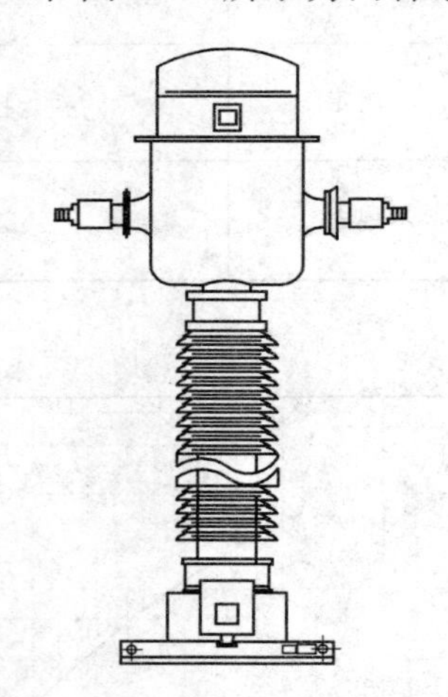

图 3－7　LVB—35W3 型电流互感器

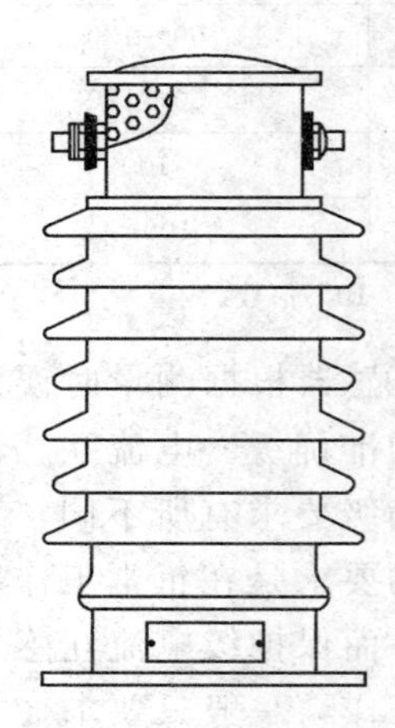

图 3－8　LVBZ1—35 型电流互感器

2. 电流互感器的结构

单匝式结构有贯穿式（一次绕组为单根铜管或铜杆）和母线式（以母线穿过互感器作为一次绕组）。多匝式按结构可分为线圈式、“8”字形和“U”字形。

单匝式电流互感器结构简单、尺寸小、价格低，其内部电动力不大，热稳定也容易通过选择原电路的导体截面来保证。缺点是一次电流较小时，一次安匝 I_1N_1 与励磁安匝 I_0N_1 相差不大，故误差较大。因此，额定电流在 400A 以下采用多匝式。

“8”字形绕组结构的电流互感器，其一次绕组为圆形并套住带环形铁芯的二次绕组，构成两个互相套着的环，形如“8”字。由于“8”字线圈电场不均匀，故只用于35～110kV电压等级。

“U”字形绕组电流互感器，一次绕组是“U”形，主绝缘全部包在一次绕组上，绝缘共分10层，层间有电容屏（金属箔），外屏接地，形成圆筒式电容串结构。由于其电场分布均匀和便于实现机械化包扎绝缘，目前在110kV及以上的高压电流互感器中得到广泛的应用。

在同一回路中，往往需要数量很多的电流互感器。为了节约材料和投资，高压电流互感器常由多个设有磁联系的独立铁芯和二次绕组与共用的一次绕组组成同一电流比、多二次绕组的电流互感器。对于110kV及以上的电流互感器，为了适应一次电流的变化和减少产品规格，常将一次绕组分成几组，通过切换来改变绕组的串、并联，以获得2～3种互感比。

3. 其他类型电流互感器情况简介

随着输电电压的提高，电磁式互感器的结构日益复杂和笨重，成本也相应增高，因此国内外均在研制新型超高压和特高压电流互感器。新型电流互感器的特点是：高低压间没有直接的电磁联系，使绝缘结构大为简化；测量过程中不需要消耗很大能量；没有饱和现象，测量范围宽，暂态响应快，准确度高，重量轻，成本低。

新型电流互感器按高、低压部分的耦合方式，可分为无线电电磁波耦合、电容耦合和光电耦合式。其中光电式电流互感器性能更佳，研制工作进展很快。光电式电流互感器的原理是：利用材料的磁光效应或电光效应，将电流的变化转变成激光或光波，经过光通道进行传送，然后接收装置再将接收到的光波转变成电信号，并经过放大，供仪表和继电器使用。

非电磁式电流互感器的共同缺点是输出容量较小，故需研制更大的放大器或采用小功率的半导体继电保护装置来减小互感器的负荷，此外，运行的可靠性也有待在实践中考验。

六、电流互感器的应用及接线

1. 电流互感器的应用

电流互感器在应用中应注意以下几点：

（1）电流互感器的铁芯和二次（次级）侧的一端必须按保护和计量要求可靠接线（特殊保护除外）。

（2）电流互感器的二次（次级）侧只能短路，绝对不能开路。

（3）一般情况下，单相计量主要用于低压负载的单相供电方式，高压系统及三相负载电路均采用三相计量，三相计量对极性的关系更为重要，正确判断极性和接线的正确是计量的必要条件。

实际上，电能表所计量的数量并不真正反映线路的实际功率，真正的值是电能表的读数乘电流互感器的变比 K_i 与电压互感器的变比 K_u 的乘积。

（4）电流互感器的二次回路不允许接入其他无关的设备，应有专用电流互感器或专用二次绕组与电能表相连接。为提高低负荷时的计量准确性，应选用S级电流互感器与宽负荷电能表。对经电流互感器接入的电能表，其标称电流不宜超过电流互感器额定二次电流的 30%～120%。

（5）当电流互感器的变比选择过大时，或者对负荷变化大而且在小负荷长时间运行的用户，计量准确度会受到影响。为了提高计量的准确度，应使负荷电流的指示在标度尺2/3左右，以减少小负荷下电能计量的损失。为了保证小负荷时计量的准确度，可采用S级电流互感器与宽负荷电能表（过载能力为 4 倍及以上），如选用 0.2S 级电流互感器与标称电流为 15（6）A 的宽负荷电能表。由图 3-9 可见，负荷电流在 1%～120%额定电流的范围内都能保证所要求的准确度。

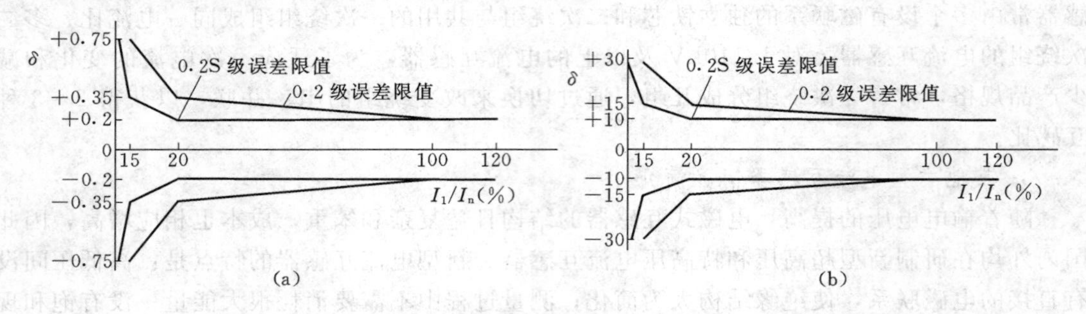

图 3-9　电流互感器 0.2S 级与 0.2 级误差极限的比较

S级电流互感器是一种计量准确度更高的电流互感器，如果选择适当，可以保证在1%～120%额定电流范围内的计量准确度。适用于小负荷的准确计量。选择时应满足最大负荷电流与S级电流互感器的额定一次电流相一致或不大于额定一次电流的 120%，最小负荷电流值不小于电流互感器额定一次电流的 20%左右。

（6）当由于继电器保护的要求致使电流互感器的变比选择过大而不能满足计量要求时，应采用计量绕组二次有抽头的电流互感器或者采用测量绕组和保护绕组具有复变比的电流互感器。

具有复变比的电流互感器指在同一台电流互感器上，允许测量级和保护级有不同的电流比。具有复变比的电流互感器能给用户带来很大好处，当负荷电流变动大又要求电费计量准确时，希望用小电流比的互感器计量轻负荷。而继电保护要求在短路故障情况下，在准确限值一次电流范围内满足误差要求，希望其额定电流值大于实际运行电流，以降低其准确系数的要求，此时需要用大电流比的互感器。所以，具有复变比的电流互感器兼顾了计量和继电保护不同的要求。

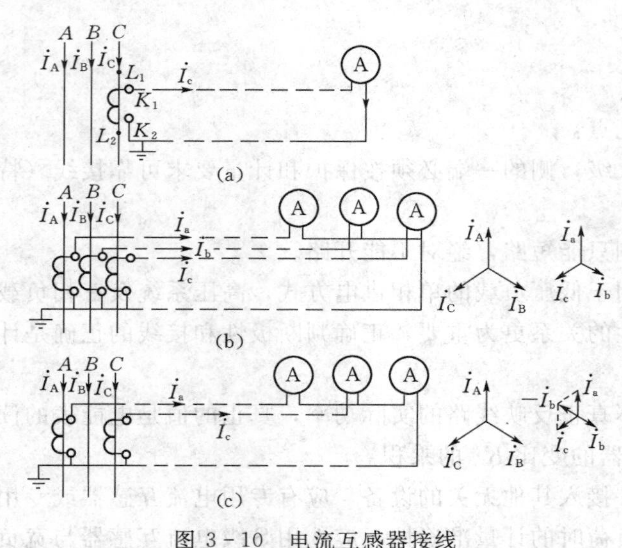

图 3-10　电流互感器接线

（a）单相接线；（b）星形接线；（c）不完全星形接线

2. 电流互感器的接线

电流互感器的二次绕组与测量仪

表、继电器等常用的接线方式有单相接线、星形接线和不完全星形接线等三种。如图 3－10 所示，图 3－10（a）所示为单相接线，常用于三相对称负载电路；图 3－10（b）所示为星形接线，可测量三相电流；图 3－10（c）所示为不完全星形接线，流过公共导线上的电流为 a、c 两相电流的相量和，即 $\dot{I}_b=-(\dot{I}_a+\dot{I}_c)$，由于这种接线方式节省一个电流互感器，故被广泛采用。

第三节 电 压 互 感 器

一、电压互感器的工作原理及特点

电压互感器是二次回路中供测量和保护用的电压源，通过它能正确反映系统电压的运行状况。其作用：一是将一次侧的高电压改变成二次侧的低电压，使测量仪表和保护装置标准化、小型化，并便于监视、安装和维护；二是使低压二次回路与高压一次系统隔离，保证了工作人员的安全。

电力系统广泛采用电磁式电压互感器和电容分压式电压互感器。目前，农村发电厂、变电站主要采用电磁式电压互感器。它的工作原理与变压器相同，图 3－11 所示为电压互感器原理。两个相互绝缘的绕组装在同一闭合的铁芯回路上，一次绕组并接在被测电路上，一次侧加电压 U_1，根据电磁感应原理，二次绕组上感应出电压 U_2。电压互感器一、二次绕组额定电压之比称为电压互感器的额定互感比，即

$$K_u=U_{1e}/U_{2e} \qquad (3-6)$$

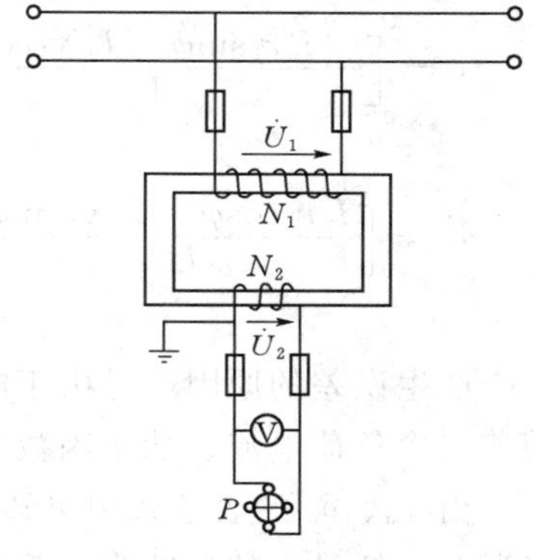

图 3－11 电压互感器原理

其中，U_{1e}是电压互感器安装处的电网额定电压；U_{2e}已统一为 100（或 $100/\sqrt{3}$）V，因此互感比也已标准化。

电压互感器的特点是：容量很小，类似一台小容量变压器；二次侧所接测量仪表和继电器的电压线圈阻抗很大，互感器在近于空载状态下运行。

在使用时，电压互感器的铁芯、金属外壳及低压绕组的一端都必须接地，以防高、低压绕组之间绝缘损坏时，低压侧将出现高压危险。另外，为防止出现短路，在电压互感器的一、二次侧都应装设熔断器作为短路保护。

二、电压互感器的误差

电压互感器的等值电路与变压器的等值电路相同，其相量图如图 3－12 所示。由相量图可知，通过电压互感器测量的结果，大小和相位都有误差，这种误差分为电压误差和角误差。其定义如下：

电压误差为二次电压的测量值与额定互感比的乘积 K_uU_2 与实际一次电压 U_1 之差，而以后者的百分数表示为

$$f_u=\frac{K_uU_2-U_1}{U_1}\times 100(\%) \qquad (3-7)$$

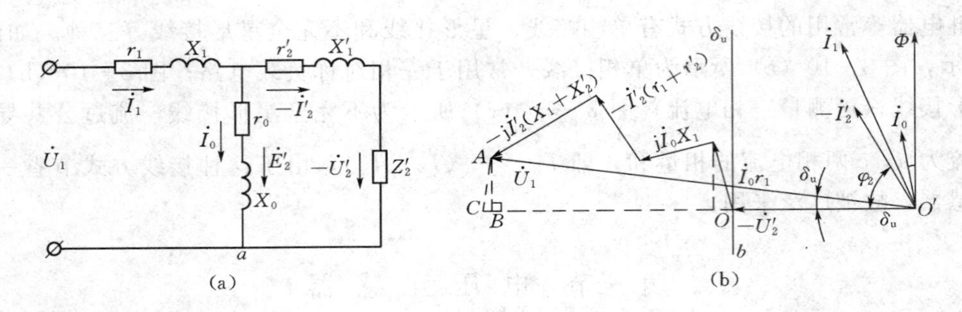

图 3-12　电压互感器的相量图

(a) 等效电路；(b) 相量图

角误差为二次电压旋转 180°后的相量$-\dot{U}'_2$与一次电压相量$\dot{U}_1$之间的夹角δ_u，并规定$-U'_2$超前于U_1时相位差为正，反之为负。

当δ_u很小时，电压互感器的电压误差和角误差可在所选坐标轴上的投影中表示出来。

$$f_u=\left[-\frac{I_0r_1\sin\psi+I_0X_1\cos\psi}{U_1}-\frac{I'_2(r_1+r'_2)\cos\varphi_2+I'_2(X_1+X'_2)\sin\varphi_2}{U_1}\right]\times 100\ (\%) \tag{3-8}$$

$$\delta_u=\left[\frac{I_0r_1\cos\psi-I_0X_1\sin\psi}{U_1}+\frac{I'_2(r_1+r'_2)\sin\varphi_2-I'_2(X_1+X'_2)\cos\varphi_2}{U_1}\right]\times 3440\ (\%) \tag{3-9}$$

产生误差的原因，是由于电压互感器存在励磁电流和内阻抗，导致内阻压降，同时，随着二次负荷电流、功率因数和一次电压的变化，其误差增大或减小。

由f_u、δ_u的表达式中可知，电压误差和角误差都由两部分组成：括号中的前项为空载误差，括号中的后项为负载误差。空载误差与互感器的结构材料和设计制造密切相关，而负载误差直接与运行参数有关。

图 3-13 所示为电压互感器的误差与二次负荷关系曲线。$\cos\varphi_2=1$ 和 $\cos\varphi_2=0.5$ 时的电压误差特性曲线都在水平轴之下，即误差总是负值。当负荷从零增加到额定值时，f_u按线性增大。当$\cos\varphi_2$在 0.5～1 之间变化时，其误差曲线在$\cos\varphi_2=0.5$和$\cos\varphi_2=1$的范围内变化，曲线的位置和斜率都变化很小。但角误差的曲线位置和斜率将发生很大的变化。随负荷电流的增大，其角误差增大或减小的可能性都会存在。

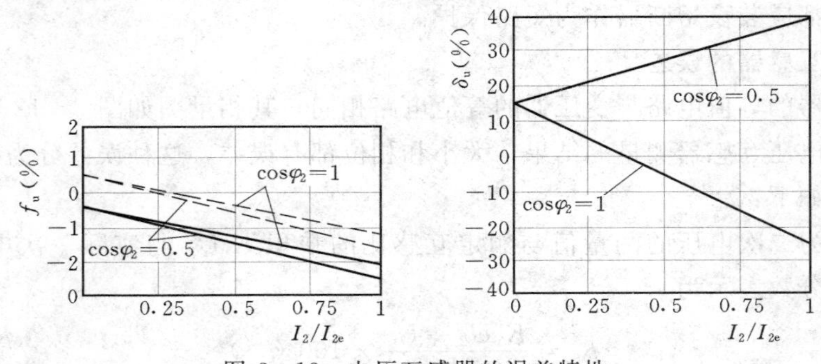

图 3-13　电压互感器的误差特性

互感器一次电压变化时，励磁电流和 ψ 角将随之变化。因此，电压误差和角误差都会发生变化。

三、电压互感器的准确级和额定容量

电压互感器的准确级是指在规定的一次电压和二次负荷变化范围内，负荷功率因数为额定值时，误差的最大限值。我国电压互感器准确级和误差限值标准见表 3－2。

表 3－2　电压互感器的准确级和误差限值

准确级次	误差极限		一次电压变化范围	二次负荷变化范围
	比值差（±%）	相角差（±′）		
0.5	0.5	20	$(0.85\sim1.15)\ U_{1e}$	$(0.25\sim1)\ S_{2e}$　$\cos\varphi_2=0.8$
1	1.0	40		
3	3.0	不规定		

由于电压互感器误差与负荷有关，所以同一台电压互感器对应于不同的准确级便有不同的容量。通常额定容量是指对应于最高准确级下的容量。电压互感器按照在最高工作电压下的长期工作允许发热条件，还规定了最大容量，容量的增加是以准确级的下降为代价的，因此在供给误差无严格要求的仪表和继电器或指示灯之类时，才允许用最大容量。

四、电压互感器的类型和结构

电压互感器的类型很多，按相数可分为单相式和三相式；按每相绕组数可分为双绕组和三绕组；按安装地点可分为户内式和户外式；按绝缘方式可分为干式、浇注绝缘式、油浸式和充气式等形式。

干式电压互感器结构简单，但绝缘强度较低，只适用于 6kV 以下的户内装置。浇注绝缘式电压互感器供 3～35kV 户内使用 JDZ 型为单相双绕组环氧树脂浇注绝缘式电压互感器，其原绕组额定电压为使用系统的线电压。JDZJ 型为单相三绕组环氧树脂浇注绝缘式电压互感器，其原绕组额定电压为使用系统的相电压。

图 3－14 和图 3－15 所示为两种电压互感器的外形。

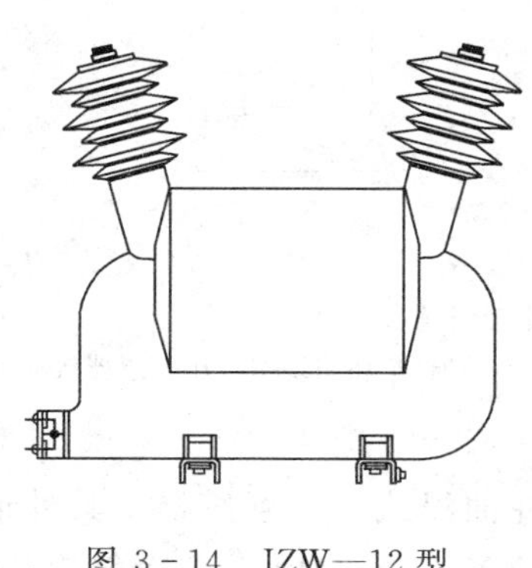

图 3－14　JZW—12 型电压互感器

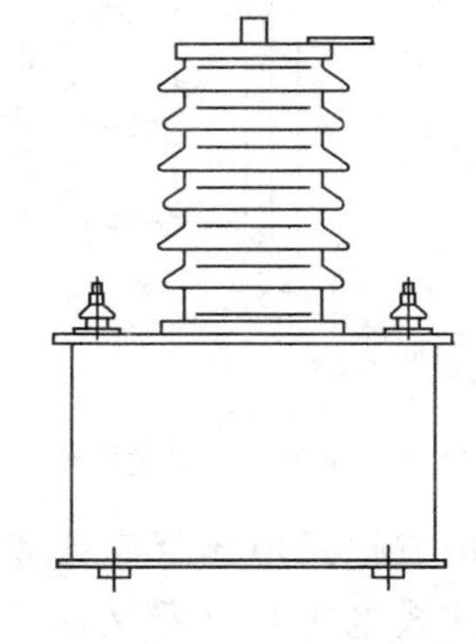

图 3－15　JDZX6—35W2 型电压互感器

五、电压互感器的应用与接线

1. 电压互感器的应用原则

(1) 电压互感器的二次回路不允许接入其他无关的设备，应用专用电压互感器或专用二次绕组与电能表相连接，以保证计量的准确性。

(2) 专用电压互感器额定二次负荷功率因数应与二次负荷（电能表）的功率因数相接近，对于电磁式电能表，功率因数为 0.3～0.5；对于电子式电能表，功率因数为 1.0，也就是说，电压互感器额定功率因数应与连接的电能表的功率因数相一致。

2. 电压互感器的接线

电压互感器有各种不同的接线方式，最常见的有如图 3-16 所示的几种接线。图 3-16 (a)、(b) 所示为一台单相电压互感器的接线，用来测量某一相对地电压和相间电压，可接入电压表、频率表和电压继电器等。图 3-16 (c) 所示为用两台单相电压互感器接成的不完全星形（也称 V—V 接线）接线，用来接入只需要线电压的测量仪表和继电器，但不能测量相对地电压。它广泛应用于中性点不接地或经消弧线圈接地的电网中。图 3-16 (d) 所示为用 1 台三相五柱式或用 3 台单相三绕组电压互感器接成 Y_0—Y_0—▷形接线，即将原绕组、副绕组接成星形，且中性点均接地，3 个辅助绕组接成开口三角形，供接地保护装置和接地信号（绝缘监视）继电器用。其中，三相五柱式电压互感器只用于 20kV 以下系统。

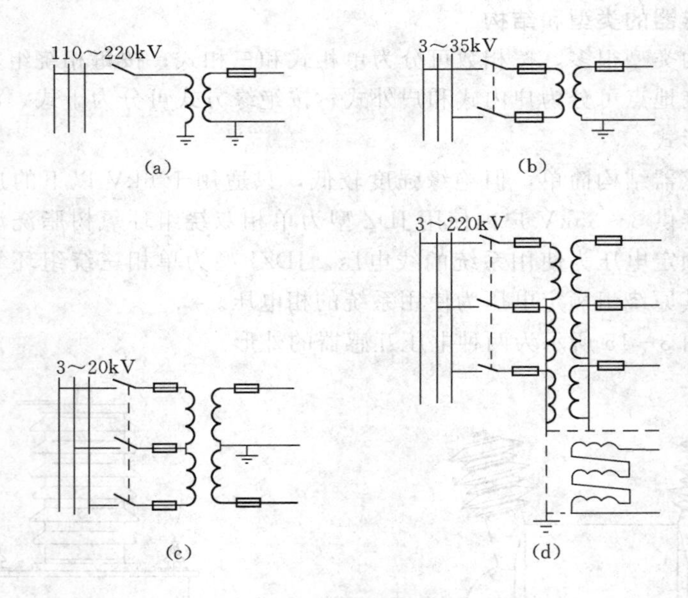

图 3-16 电压互感器几种接线方式

(a)、(b) 单相互感器的接线；(c) 不完全星形接线；(d) 三台单相三绕组电压互感器接线

六、三相五柱式电压互感器简介

三相五柱式电压互感器又称三相三绕组五铁芯柱油浸式电压互感器，其外形如图 3-17 所示，其初级绕组和基本次级绕组分别接成星形（Y_0—Y_0—12），3 个绕组接线端及中性点均固定于箱盖上。基本次级绕组供测量仪表和继电器用；辅助次级绕组接成开口三角

形，用来监视线路绝缘情况，其每相电压为100/3V。正常时三相的相电压相量和为零，因此两端无电压。当一相接地时，未接地两相的电压相量和不为零，两端出现电压100V，使继电器动作发出信号。

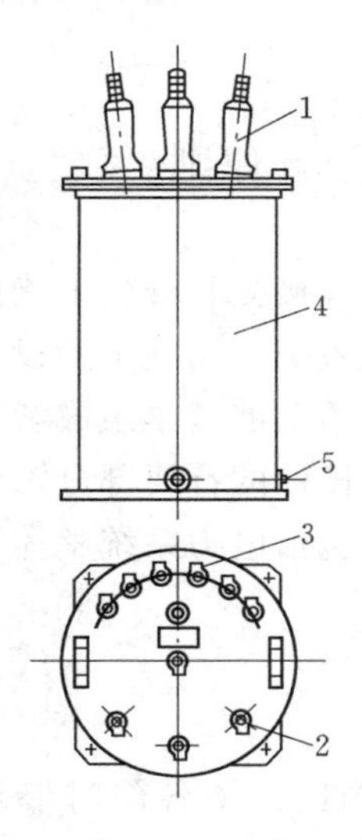

图 3-17　三相五柱式电压互感器

1—套管绝缘子；2—初级绕组出线端；3—次级绕组出线端；4—外壳；5—放油阀

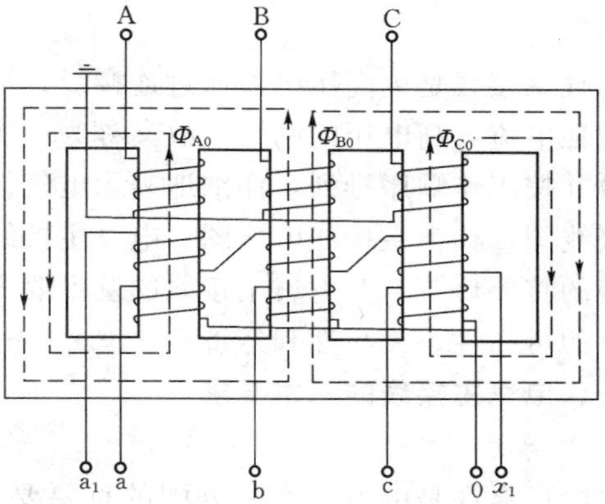

图 3-18　三相五柱式电压互感器原理

三相五柱式电压互感器原理如图3-18所示，初级绕组接成星形，中性点引出线接地，一旦发生单相接地时，则初级绕组的零序阻抗增大，从而使零序电流大大减少，不会危害互感器。

思　考　题

1. 互感器的作用是什么？
2. 互感器的二次绕组为什么必须接地？
3. 电流、电压互感器各有何特点？
4. 电流互感器的电流误差、角误差对哪些仪表和继电器有影响？
5. 正常运行的电流互感器二次绕组可以开路吗？为什么？
6. 什么叫电流互感器的10%误差曲线？在工程实际中如何校验？
7. 电流互感器二次绕组接线接成星形和不完全星形在测量和保护上有什么异同？
8. 作为相对地绝缘监视用的电压互感器为什么选三相五柱式或单相式电压互感器？

第四章　电 气 主 接 线

第一节　电气主接线的基本要求和设计原则

电气主接线是由高压电器通过连接线，按其功能要求组成接受和分配电能的电路，成为传输强电流、高电压的网络，故又称为一次接线或电气主系统。用规定的设备文字和图形符号并按工作顺序排列，详细地表示电气设备或成套装置的全部基本组成和连接关系的单线接线图，称为主接线电路图。电气主接线是变电所电气设计的首要部分，也是构成电力系统的首要环节。对电气主接线的基本要求概括地说，应包括电力系统整体及变电所本身运行的可靠性、灵活性和经济性。

一、电气主接线的基本要求

1. 可靠性

供电可靠性是电力生产和分配的首要要求，停电会对国民经济各部门带来巨大的损失，往往比少发电能的价值大几十倍，会导致产品报废、设备损坏、人身伤亡等。因此，主接线的接线形式必须保证供电可靠。因事故被迫中断供电的机会越小，影响范围越小，停电时间越短，主接线的可靠程度就越高。研究主接线可靠性应注意的问题如下：

（1）考虑变电所在电力系统中的地位和作用。变电所是电力系统的重要组成部分，其可靠性应与系统要求相适应。例如，对于一个小型的农村变电所的主接线一般不要求过高的可靠性，而对一个大型超高压变电所，由于它在电力系统中的地位很重要，供电容量大、范围广，发生事故可能使系统运行受到扰动，甚至失去稳定，造成巨大损失，因此其电气主接线应采取供电可靠性高的接线方式。

（2）变电所接入电力系统的方式。现代化的变电所都接入电力系统运行。其接入方式的选择与容量大小、电压等级、负荷性质以及地理位置和输送电能距离等因素有关。

（3）变电所的运行方式及负荷性质。电能生产的特点是发电、变电、输电、用电同一时刻完成。而负荷的性质按其重要性又有Ⅰ类、Ⅱ类、Ⅲ类之分。当变电所设备利用率较高，年利用小时数在5000h以上，主要供应Ⅰ类、Ⅱ类负荷用电时，必须采用供电较为可靠的接线形式。

（4）设备的可靠程度直接影响着主接线的可靠性。电气主接线是由电气设备相互连接而组成的，电气设备本身的质量及可靠程度直接影响着主接线的可靠性。因此，主接线设计必须同时考虑一次侧设备和二次侧设备的故障率及其对供电的影响。随着电力工业的不断发展，大容量机组及新型设备投运、自动装置和先进技术的使用，都有利于提高主接线的可靠性，但不等于设备及其自动化元件使用得越多、越新、接线越复杂就越可靠。相反，不必要的接线设备，使接线复杂、运行不便，将会导致主接线可靠性降低。因此，电气主接线的可靠性是一次侧设备和二次侧设备在运行中可靠性的综合，采用高质量的元件和设备，不仅可以减小事故发生率、提高可靠性，而且还可以简化接线。此外，主接线可靠性还与运行管理水平和运行值班人员的素质有密切关系。

2. 灵活性

电气主接线应能适应各种运行状态，并能灵活地进行运行方式的转换。不仅正常运行时能安全可靠地供电，而且在系统故障或电气设备检修及故障时，也能适应调度的要求，并能灵活、简便、迅速地倒换运行方式，使停电时间最短，影响范围最小。同时设计主接线时应留有发展扩建的余地。对灵活性的要求如下：

(1) 调度时，可以灵活地投入和切除变压器和线路，调配电源和负荷，满足系统在事故运行方式、检修运行方式及特殊运行方式下的系统调度要求。

(2) 检修时，可以方便地停运断路器、母线及其继电保护设备，进行安全检修而不致影响电力网的运行和对用户的供电。

(3) 扩建时，可以容易地从初期接线过渡到最终接线。在不影响连续供电或停电时间最短的情况下，投入变压器或线路而不互相干扰，并对一次侧和二次侧部分的改建工作量最少。

3. 经济性

在设计主接线时，主要矛盾往往发生在可靠性与经济性之间。欲使主接线可靠、灵活，必然要选高质量的设备和现代化的自动装置，从而导致投资的增加。因此，主接线的设计应在满足可靠性和灵活性的前提下做到经济、合理。一般从以下方面考虑：

(1) 投资省。主接线应简单清楚，节省断路器、隔离开关、电流互感器、电压互感器、避雷器等一次设备；使继电保护和二次回路不过于复杂，节省二次设备和控制电缆；限制短路电流，以便于选择价廉的电气设备或轻型电器；如能满足系统安全运行及继电保护要求，110kV 及以下终端或分支变电所可采用简易电器。

(2) 占地面积小。主接线设计要为配电装置布置创造条件，尽量使占地面积减少。

(3) 电能损失少。在变电所中，正常运行时，电能损耗主要来自变压器，应经济、合理地选择变压器的形式、容量和台数，尽量避免两次变压而增加电能损耗。

此外，在系统规划设计中，要避免建立复杂的操作枢纽，为简化主接线，变电所接入系统的电压等级一般不超过两种。

二、电气主接线的设计原则

设计变电所电气主接线时，所遵循的总原则：符合设计任务书的要求；符合有关的方针、政策和技术规范、规程；结合具体工程特点，设计出技术经济合理的主接线。为此，应考虑下列情况。

1. 明确变电所在电力系统中的地位和作用

各类变电所在电力系统中的地位是不同的，所以对主接线的可靠性、灵活性和经济性等的要求也不同，因此，就决定了有不同的电气主接线。

2. 确定变压器的运行方式

有重要负荷的农村变电所，应装设两台容量相同或不同的变压器。农闲季节负荷低时，可以切除一台，以减小空载损耗。

3. 合理地确定电压等级

农村变电所高压侧电压普遍采用一个等级，低压侧电压一般为 1～2 个等级，目前多为一个等级。

4. 变电所的分期和最终建设规模

变电所根据5～10年电力系统发展规划进行设计。一般装设两台（组）主变压器。当技术经济比较合理时，终端或分支变电所如只有一个电源时，也可只装设一台主变压器。

5. 开关电器的设置

在满足供电可靠性要求的条件下，变电所应根据自身的特点，尽量减少断路器的数目。特别是农村终端变电所，可适当采用熔断器或接地开关等简易开关电器，以达到提高经济性的目的。

6. 电气参数的确定

最小负荷为最大负荷的60%～70%，如果主要负荷是农业负荷，其值为20%～30%；按不同用户，确定最大负荷利用小时数；负荷同时系数K_t：35kV以下的负荷，取0.85～0.9；大型工矿企业的负荷，取0.9～1；综合负荷功率因数取0.8，大型冶金企业功率因数取0.95；线损率平均值取8%～12%，有实际值时按实际值计算。

三、电气主接线的设计程序

电气主接线的设计伴随着变电所的整体设计，即按照工程基本建设程序，历经可行性研究阶段、初步设计阶段、技术设计阶段和施工设计阶段等4个阶段。在各阶段中随要求、任务的不同，其深度、广度也有所差异，但总的设计思路、方法和步骤相同。

课程设计是在有限的时间内，使学生运用所学的基本理论知识，独立地完成设计任务，以达到掌握设计方法进行工程训练的目的。因此，在内容上大体相当于实际工程设计中初步设计的内容。其中，部分可达到技术设计要求的深度。故又称其为扩大初步设计，具体设计步骤和内容如下。

（1）对原始资料进行分析，具体内容如下：

1）本工程情况。主要包括：变电所类型；设计规划容量；变压器容量及台数；运行方式等。

2）电力系统情况。电力系统近期及远景发展规划（5～10年）；变电所在电力系统中的位置（地理位置和容量位置）和作用；本期工程和远景与电力系统连接方式以及各级电压中性点接地方式等。

3）负荷情况。负荷的性质及地理位置、电压等级、出线回路数及输送容量等。电力负荷在原始资料中虽已提供，但设计时尚应予以辩证地分析。因为负荷的发展和增长速度受政治、经济、工业水平和自然条件等方面的影响。如果设计时，只依据负荷计划数字，而投产时实际负荷小了，就等于积压资金；否则电量供应不足，就会影响其他工业的发展。

4）环境条件。当地的气温、湿度、覆冰、污秽、风向、水文、地质、海拔、地震等因素对主接线中电器的选择和配电装置的实施均有影响。特别是我国土地辽阔，各地气象、地理条件相差甚大，应予以重视。对重型设备的运输条件也应充分考虑。

5）设备制造情况。为使所设计的主接线具有可行性，必须对各主要电器的性能、制造能力和供货情况、价格等资料汇集并分析比较，保证设计的先进性、经济性和可行性。

（2）拟定主接线方案。根据设计任务书的要求，在原始资料分析的基础上，可拟定若干个主接线方案。因为对电源和出线回路数、电压等级、变压器台数、容量及母线结构等考虑的不同，会出现多种接线方案（近期和远期）。应依据对主接线的基本要求，从技术上论证各方案的优、缺点，淘汰一些明显不合理的方案，最终保留两个或3个技术上相当，又都能满足任务书要求的方案，再进行可靠性定量分析计算比较，最后获得最优的技术合理、经济可行的主接线方案。

（3）主接线经济比较。在本章的后面将介绍。

（4）短路电流计算。对拟定的电气主接线，为了选择合理的电器，需进行短路电流计算。

（5）电气设备的选择。

（6）绘制电气主接线图及其他必要的图纸。

（7）工程概算。包括主要设备器材费、安装工程费、其他费用。

第二节　单 母 线 接 线

主接线的基本形式，就是主要电气设备常用的几种连接方式。可分为两大类：有汇流母线的接线形式；无汇流母线的接线形式。

变电所电气主接线的基本环节是电源（变压器）、母线和出线（馈线）。各个变电所的出线回路数和电源数不同，且每路馈线所传输的功率也不一样。在进出线数较多时（一般超过4回），为便于电能的汇集和分配，采用母线作为中间环节，可使接线简单清晰，运行方便，有利于安装和扩建。但有母线后，配电装置占地面积较大，使用断路器等设备增多。无汇流母线的接线使用开关电器较少，占地面积小，但只适于进出线回路少，不再扩建和发展的变电所。有汇流母线的接线形式主要有单母线接线和双母线接线。

一、单母线接线

如图4-1所示，单母线接线的特点是整个配电装置只有一组母线，每个电源线和引出线都经过开关电器接到同一组母线上。供电电源是变压器或高压进线回路。母线既可以保证电源并列工作，又能使任一条出线回路都可以从电源1或2获得电能。每条引出线回路中都装有断路器和隔离开关，靠近母线侧的隔离开关QS2称为母线隔离开关，靠近线路侧的QS3称为线路隔离开关（在实际变电所中，通常把靠近电源侧的隔离开关称为甲刀闸，把靠近负荷侧的隔离开关称为乙刀闸）。由于断路器具有开合电路的专用灭弧装置，可以开断或闭合负荷电流和开断短路电流，故用来作为接通或切断电路的控制电器。隔离开关没有灭弧装置，其开合电流能力极低，只能用作设备停运后退出工作时断开电路，保证与带电部分隔离，起着隔离电压的作用。所以，同一回路中

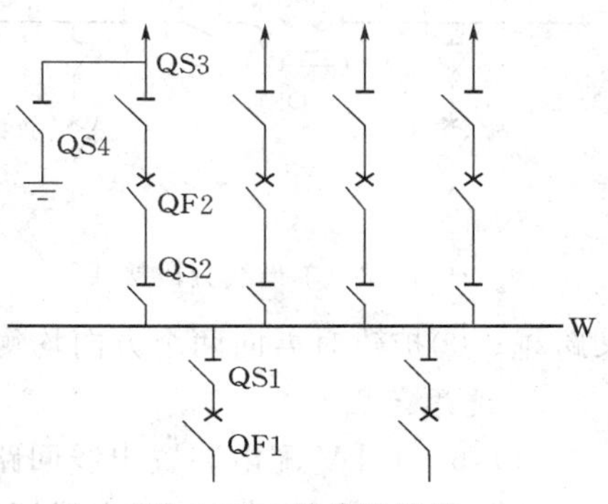

图4-1　单母线接线

在断路器可能出现电源的一侧或两侧均应配置隔离开关，以便检修断路器时隔离电源。若馈线的用户侧没有电源时，断路器通往用户侧可以不装设线路隔离开关。但如果费用不大，为了防止过电压的侵入，也可以装设。同一回路中串接的隔离开关和断路器，在运行操作时，必须严格遵守下列操作顺序：如对馈线送电时，须先合上隔离开关 QS2 和 QS3，再投入断路器 QF2；如欲停止对其供电，须先断开 QF2，然后再断开 QS3 和 QS2。为了防止误操作，除严格按照操作规程实行操作票制度外，还应在隔离开关和相应的断路器之间，加装电磁闭锁、机械闭锁。接地开关（又称接地刀闸）QS4 是在检修电路和设备时合上，取代安全接地线的作用。当电压在 110kV 及以上时，断路器两侧的隔离开关和线路隔离开关的线路侧均应配置接地开关。对 35kV 及以上的母线，在每段母线上亦应设置 1～2 组接地开关或接地器，以保证电器和母线检修时的安全。

1. 单母线接线的优缺点

优点：接线简单清晰、设备少、操作方便、便于扩建和采用成套配电装置。

缺点：灵活性和可靠性差，当母线或母线隔离开关故障或检修时，必须断开它所连接的电源，与之相连的所有电力装置在整个检修期间均需停止工作。此外，在出线断路器检修期间，必须停止该回路的供电。

2. 单母线接线的适用范围

一般适用于一台主变压器的以下 3 种情况：

(1) 6～10kV 配电装置的出线回路数不超过 5 回。

(2) 35～66kV 配电装置的出线回路数不超过 3 回。

(3) 110～220kV 配电装置的出线回路数不超过 2 回。

二、单母线分段接线

为了克服一般单母线接线存在的缺点，提高它的供电可靠性和灵活性，可以把单母线分成几段，在每段母线之间装设一个分段断路器和两个隔离开关。每段母线上均接有电源和出线回路，便成为单母线分段接线，如图 4-2 所示。

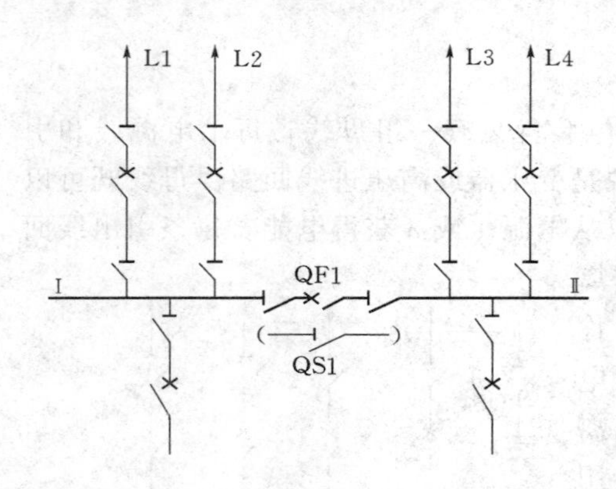

图 4-2　单母线分段接线

1. 单母线分段接线的优、缺点

优点：①用断路器把母线分段后，对重要用户可以从不同段引出两个回路，有两个电源供电；②当一段母线发生故障，分段断路器自动将故障段切除，保证正常段母线不间断供电和不致使大面积停电。

缺点：①当一段母线或母线隔离开关故障或检修时，该段母线的回路都要在检修期间内停电；②当出线为双回路时，常使架空线路出现交叉跨越；③扩建时需向两个方向均衡扩建。

2. 适用范围

(1) 6～10kV 配电装置出线回路数为 6 回及以上时。

(2) 35～66kV 配电装置出线回路数为 4～8 回时。

(3) 110～220kV 配电装置出线回路数为 3～4 回时。

三、单母线带旁路母线的接线

断路器经过长期运行和切断数次短路电流后都需要检修。为了检修出线断路器，不致中断该回路供电，可增设旁路母线 W2 和旁路断路器 QF2，如图 4－3 所示。旁路母线经旁路隔离开关 QS3 与出线连接。正常运行时，QF2 和 QS3 断开。当检修某出线断路器 QF1 时，先闭合 QF2 两侧的隔离开关，再闭合 QF2 和 QS3，然后断开 QF1 及其线路隔离开关 QS2 和母线隔离开关 QS1。这样 QF1 就可以退出工作，由旁路断路器 QF2 执行其任务，即在检修 QF1 期间，通过 QF2 和 QS3 向线路 L3 供电。

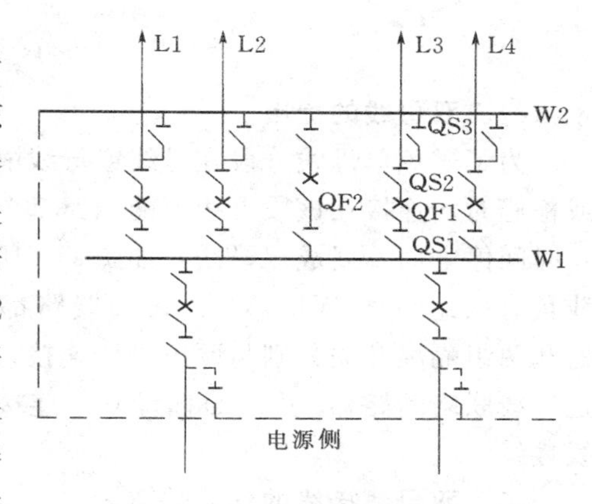

图 4－3　带旁路母线的单母线接线

W1—工作母线；W2—旁路母线

有了旁路母线，检修与它相连的任意回路的断路器时，该回路便可以不停电，从而提高了供电的可靠性。它广泛地用于出线数较多的 110kV 及以上的高压配电装置中，因为电压等级高，输送功率较大，送电距离较远，停电影响较大，同时高压断路器每台检修时间较长。而 35kV 及以下的配电装置一般不设旁路母线，因为负荷小，供电距离短，容易取得备用电源，有可能停电检修断路器，并且断路器的检修、安装或更换均较方便。一般 35kV 以下配电装置多为屋内型，为节省建筑面积，降低造价都不设旁路母线。只有在向特殊重要的Ⅰ、Ⅱ类用户负荷供电，不允许停电检修断路器时才设置旁路母线。

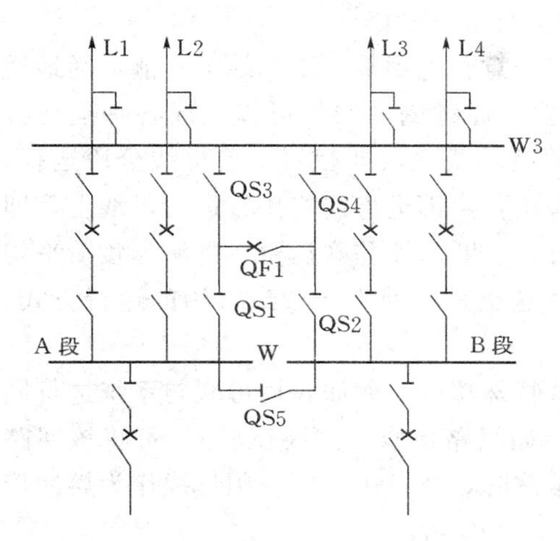

图 4－4　单母线分段兼旁路断路器接线

带有专用旁路断路器的接线，多装了价高的断路器和隔离开关，增加了投资。这种接线除非供电可靠性有特殊需要或接入旁路母线的线路过多、难以操作时才用。一般来说，为节约建设投资，可以不采用专用旁路断路器。对于单母线分段接线，常采用图 4－4 所示的以分段断路器兼作旁路断路器的接线。两段母线均可带旁路母线，正常时旁路母线 W3 不带电，分段断路器 QF1 及隔离开关 QS1、QS2 在闭合状态，QS3、QS4、QS5 均断开，以单母线分段方式运行。当 QF1 作为旁路断路器运行时，闭合隔离开关 QS1、QS4（此时 QS2、QS3 断开）及 QF1，旁路母线即接至 A 段母线；闭合隔离开关 QS2、QS3 及 QF1（此时 QS1、QS4 断开）则接至 B 段母线。这时，A、B 两段母线分别按单母线方式运行。亦可以通过隔离开关 QS5 闭合，A、B 两段母线合并为单母线运行。这种接线方式，对于进出线不多，电压为 35～110kV 的变电所较为适用，具有足够的可靠性和灵活性。

第三节　双 母 线 接 线

一、双母线的提出

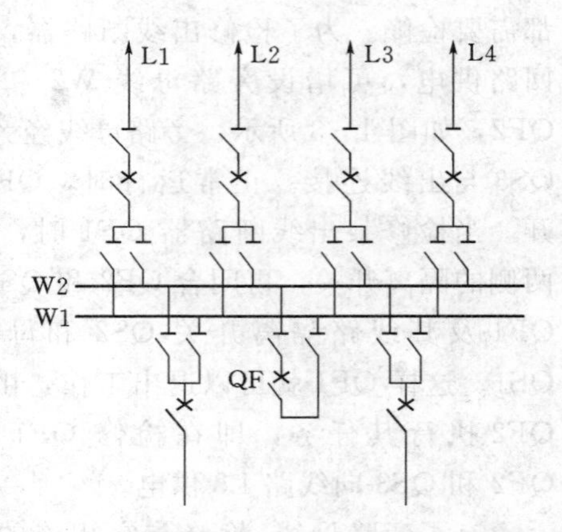

图 4-5　双母线接线

为了避免单母线分段在母线或母线隔离开关故障或检修时，连接在该段母线上的回路都要在检修期间长时间停电而发展成双母线，如图4-5所示。这种接线具有两组母线 W1、W2。每回线路都经一台断路器和两组隔离开关分别与两组母线连接，母线之间通过母线联络断路器 QF（简称母联）连接，称为双母线接线。

二、双母线接线的优、缺点

1. 优点

（1）供电可靠。通过两组母线隔离开关的倒换操作，可以轮流检修一组母线而不致使供电中断；一组母线故障后，能迅速恢复供电；检修任一回路的母线隔离开关时，只需断开此隔离开关所属的一条回路和与此隔离开关相连的该组母线，其他回路均可通过另外一组母线继续运行，但其操作步骤必须正确。例如，欲检修工作母线，可把全部电源和线路倒换到备用母线上。其步骤是：先合上母联断路器两侧的隔离开关，再合母联断路器 QF，向备用母线充电，这时，两组母线等电位，为保证不中断供电，按“先通后断”原则进行操作，即先接通备用母线上的隔离开关，再断开工作母线上的隔离开关。完成转换后，再断开母联 QF 及其两侧的隔离开关，即可使原工作母线退出运行进行检修。

（2）调度灵活。各个电源和各个回路负荷可以任意分配到某一组母线上，能灵活地适应电力系统中各种运行方式调度和潮流变化的需要。通过倒闸操作可以组成各种运行方式。例如，当母联断路器闭合，进出线分别接在两组母线上，即相当于单母线分段运行；当母联断路器断开，一组母线运行，另一组母线备用，全部进出线均接在运行母线上，即相当于单母线运行；两组母线同时工作，并且通过母联断路器并联运行，电源与负荷平均分配在两组母线上，即称之为固定连接方式运行。这也是目前生产中最常用的运行方式，它的母线继电保护相对比较简单。

根据系统调度的需要，双母线还可以完成一些特殊功能。例如，用母联与系统进行同期或解列操作；当个别回路需要单独进行试验时（如线路检修后需要试验），可将该回路单独接到备用母线上运行；当线路利用短路方式熔冰时，亦可用一组备用母线作为熔冰母线，不致影响其他回路工作等。

（3）扩建方便。向双母线左右任何方向扩建，均不会影响两组母线的电源和负荷自由组合分配，在施工中也不会造成原有回路停电。当有双回架空线路时，可以顺序布置，以致连接不同的母线段时，不会如单母线分段那样导致出线交叉跨越。

（4）便于试验。当个别回路需要单独进行试验时，可将该回路分开，单独接至一组母线上。

2. 缺点

(1) 增加了电气设备的投资。

(2) 当母线故障或检修时，隔离开关作为倒闸操作电器，容易误操作。为了避免误操作，需在隔离开关和断路器之间装设闭锁装置。

(3) 当馈出线断路器或线路侧隔离开关故障时停止对用户供电。

三、适用范围

当母线回路数或母线上电源较多、输送和穿越功率较大、母线故障后要求迅速恢复供电、母线或母线设备检修时不允许影响对用户的供电、系统运行调度对接线的灵活性有一定要求时采用，各级电压采用的具体条件如下：

(1) 6～10kV 配电装置，当短路电流较大、出线需要带电抗器时。

(2) 35～66kV 配电装置，当出线回路数超过 8 回时，或连接的电源较多、负荷较大时。

(3) 110～220kV 配电装置出线回路数为 5 回及以上时，或当 110～220kV 配电装置，在系统中居重要地位，出线回路数为 4 回及以上时。

四、双母线分段接线

当 220kV 进出线回路数较多时，双母线需要分段，分段原则如下：

(1) 当进出线回路数为 10～14 回，在一组母线上用断路器分段。

(2) 当进出线回路数为 15 回及以上时，两组母线均用断路器分段。

(3) 在双母线分段接线中，均装设两台母联兼旁路断路器。

(4) 为了限制 220kV 母线短路电流或系统解列运行的要求，可根据需要将母线分段。

第四节　桥　形　接　线

桥形接线的最大特点是使用断路器的数量较少，一般采用断路器数目不大于出线回路数，从而使结构简单、投资较小。一般在 6～220kV 电压级电气主接线中广泛采用。

桥形接线中，4 个回路只有 3 台断路器，是所有接线中需用断路器最少也是最节省的一种接线。但是灵活性和可靠性较差，是长期开环运行的四角形接线，只能应用于小型变电所中。桥形接线按连接桥断路器的位置，可分为内桥和外桥两种接线。

1. 内桥接线

如图 4-6 (a) 所示，内桥接线的连接桥断路器设置在内侧。其余两台断路器接在线路上。因此，线路的切除和投入比较方便，并且当线路发生短路故障时，仅故障线路的断路器断开，不影响其他回路运行。但变压器故障时，则与该变压器连接的两台断路器都要断开，从而影响了一回未故障线路的运行。此外，变压器切除和投入的操作比较复杂，需切除和投入与该变压器连接的两台断路器，也影响了一回未故障线路的运行。连接桥断路器检修时，两个回路需解列运行。当输电线路较长，故障概率较多，而变压器又不需经常切除时，采用内桥接线比较合适。

2. 外桥接线

如图 4-6 (b) 所示，外桥接线的特点与内桥接线正好相反。连接桥断路器设置在外

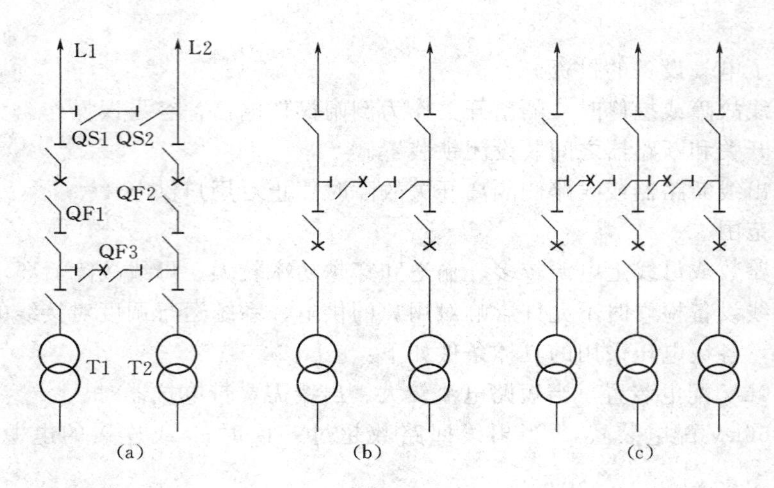

图 4-6　桥形接线

(a) 内桥；(b) 外桥；(c) 双桥形

侧，其他两台断路器接在变压器回路中，线路故障及进行切除和投入操作时，需动作与之相连的两台断路器并影响一台未故障变压器的运行。但变压器的切除和投入时，不影响其他回路运行。当出线路较短，且变压器随经济运行的要求需经常切换时，采用外桥接线的方式比较合适。此外，当电网有穿越性功率经过变电所时，也可采用外桥接线。这时，穿越性功率仅经过连接桥上的一台断路器，而不致像采用内桥接线时那样，要经过 3 台断路器，当其中任一台断路器故障或检修时都将影响穿越功率的传送。

有时，根据需要也可采用 3 台变压器和 3 回出线组成双桥形接线形式，如图 4-6 (c) 所示，为了检修连接桥断路器时不致引起系统开环运行，可增设并联的旁路隔离开关以供检修之用，正常运行时则断开。有时在并联的跨条上装设两台旁路隔离开关（QS1、QS2），是为了轮流检修任一台旁路隔离开关之用。桥形接线虽采用设备少、接线简单清晰，但可靠性不高，且隔离开关又用做操作电器，只适用于小容量的变电所，以及作为最终将发展为单母线分段或双母线的初期接线方式。

第五节　多角形接线

我国于 20 世纪 60 年代首先在水电厂的 110～220kV 升压变电站采用了多角形接线。多角形接线的断路器互相连接而成闭合的环形，是单环形接线，如图 4-7 所示。每个回路都经两个断路器连接，实现了双重连接的原则，在角数不多的情况下，具有较高的可靠性和灵活性。而且因为断路器的数量较少，利用的也最有效，因此角形还具有较大的经济性。为减少因断路器检修而开环运行的时间，保证角形接线运行的可靠性，以采用 3～5 角形为宜，并且变压器与出线回路宜对角对称布置。

(1) 优点：①投资省，除桥形接线外，与所有常用的接线相比，其所用设备最少，投资最省，平均每回路只需装设一台断路器；②没有汇流母线，在接线的任一段上发生故障，只需切除这一段及与其相连接的元件，对系统运行的影响较小；③接线成闭合环形，

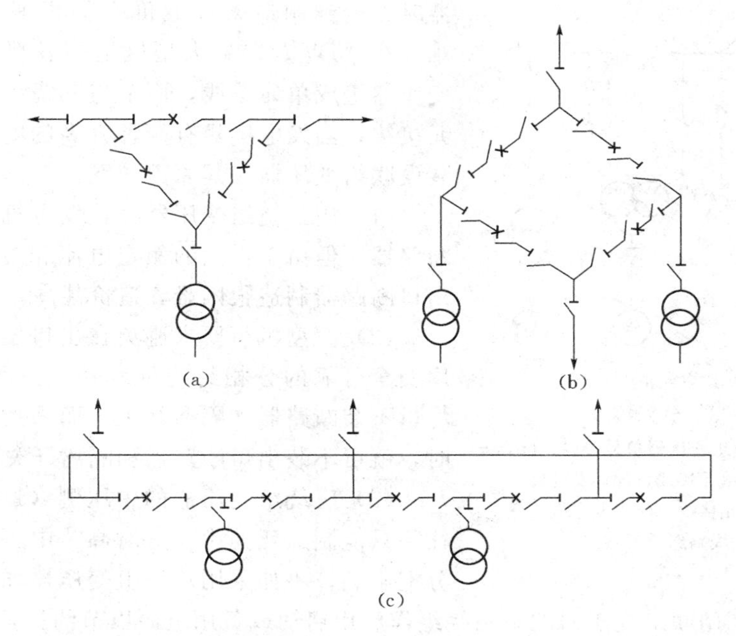

图 4-7　多角形接线

(a) 三角形接线；(b) 四角形接线；(c) 五角形接线

在闭环运行时，可靠性、灵活性较高；④每回路由两台断路器供电，任一台断路器检修，不需中断供电，也不需旁路设施；⑤隔离开关只作为检修时隔离之用，以减少误操作的可能性；⑥占地面积小，多角形接线占地面积约是普通中型双母线带旁路母线接线的 40%，对地形狭窄地区和地下洞内布置较合适。

(2) 缺点：①任一台断路器检修，都成开环运行，从而降低了接线的可靠性，因此断路器数量不能多，即进出线回路数要受到限制；②每一进出线回路都连接着两台断路器，每一台断路器又连着两个回路，从而使继电保护和控制回路较单、双母线接线复杂。

(3) 适用范围：适用于最终进出线为 3～5 回的 110kV 及以上配电装置，不宜用于有再扩建可能的变电所中。

第六节　单　元　接　线

发电机与变压器直接连接成一个单元，组成发电机—变压器组，称为单元接线。它具有接线简单，开关设备少，操作简便，以及因不设发电机电压级母线，使得在发电机和变压器低压侧短路时，短路电流相对于具有母线时有所减小等特点。

一、发电机—双绕组变压器单元接线

图 4-8 (a) 所示为发电机—双绕组变压器单元接线，是大型机组广为采用的接线方式。发电机出口不装设断路器，为调试发电机方便可装设隔离开关。对 200MW 以上机组，发电机出口多采用分相封闭导线，为了减少开断点，也可不装，但应留有可拆点，以利于机组调试。这种单元接线，避免了由于额定电流或短路电流过大，使得选择出口断路

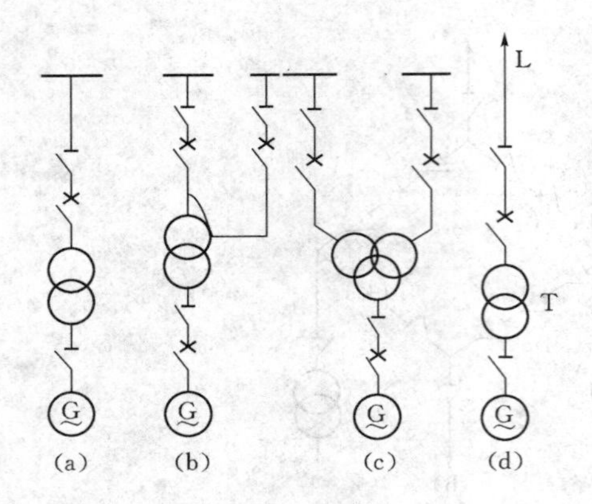

图 4-8 单元接线
(a) 发电机—双绕组变压器单元接线；(b) 发电机自耦变压器单元接线；(c) 发电机—三绕组变压器单元接线；(d) 发电机—变压器—线路组单元接线

器时，受到制造条件或价格甚高等原因造成的困难。200MW 及以上大型机组一般都采用与双绕组变压器组成单元接线，而不与三绕组变压器组成单元接线，当发电厂具有两种升高的电压等级时，则装设联络变压器。其原因如下：

(1) 用三绕组变压器时，发电机出口要求装设断路器，但由于很大的额定电流和短路电流，使得出口断路器制造很困难，造价甚高。

(2) 大型机组要求避免在出口发生短路，除采用安全可靠的分相封闭母线外，主回路力求简单，尽量不装断路器和隔离开关。而采用双绕组变压器时，就可不装出口断路器和隔离开关。

(3) 三绕组变压器的中压侧 (110kV 及以上)，往往只能制造死抽头，这对高、中压侧调压及负荷分配不利。不如采用双绕组变压器加联络变压器灵活方便，并可利用联络变压器的第三绕组作厂用启动或备用电源以节约投资。

(4) 布置在主厂房前的主变压器、厂用高压变压器和备用变压器的数量较多，若主变压器为三绕组时，增加中压侧引线的架构，并且主变压器可能为单相，将造成布置的复杂与困难。

图 4-8 (b)、(c) 所示为发电机与自耦变压器或三绕组变压器组成的单元接线。为了在发电机停止工作时还能保持和中压电网之间的联系，在变压器的 3 侧均应装设断路器。三绕组变压器中压侧由于制造原因，均为死抽头，从而将影响高、中压侧电压水平及负荷分配的灵活性。此外，在一个发电厂或变电所中采用三绕组变压器台数过多时，增加了中压侧引线的构架，造成布置的复杂和困难。所以，通常采用三绕组主变压器一般不多于 3 台。

二、发电机—变压器—线路单元接线

大型电厂采用发电机—变压器—线路单元接线，厂内不设高压配电装置，机电能直接输送到附近枢纽变电所，如图 4-8 (d) 所示。采用本接线的电厂以德国、法国和日本较多，而中国、美国、加拿大等则较少采用。在下列情况宜采用本接线。

(1) 某些地区矿源丰富，同地区有几个大型电厂，工业发达和集中，则汇总起来建设一个公用的枢纽变电所较为经济。

(2) 有的电厂地理位置狭窄，厂内不设高压配电装置，不仅解决了电厂占地面积庞大的困难，而且也为电厂总平面布置创造了有利条件，汽机房前可布置冷却塔或紧靠河流，从而缩短循环冷却水管道。

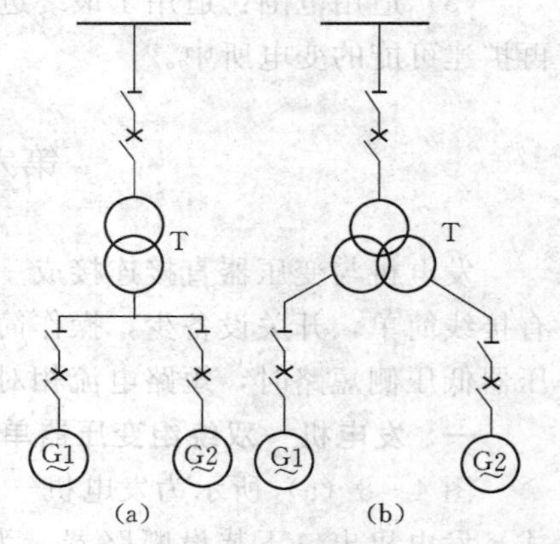

图 4-9 扩大单元接线
(a)发电机—变压器扩大单元接线；(b)发电机—分裂绕组变压器扩大单元接线

（3）有的电厂距现有枢纽变电所较近，直接从那里引出线路较为方便，因而在电厂内也不设高压配电装置。

在大型电厂内不设高压配电装置，必须在电力系统设计中做好规划。在建厂时，规划好建设汇总变电所或接入附近的枢纽变电所。

三、发电机—变压器扩大单元接线

当发电机的容量与升高电压等级所能传输容量相比，发电机容量较小而不配合时，可采用两台发电机接一台主变压器的扩大单元接线，以减少主变压器、高压断路器和高压配电装置间隔，如图 4－9 所示。当采用扩大单元接线时，发电机出口应装设断路器和隔离开关。

200～300MW 机组接至 500kV 配电装置时，相对机组容量较小，因而可采用两台 200～300MW 机组与一台主变压器接成扩大单元。

第七节　主接线典型方案举例

一、系统枢纽变电所接线

1. 特点

系统枢纽变电所汇集多个大电源和大容量联络线，在系统中处于枢纽地位，高压侧交换系统间巨大功率潮流，并向中压侧输送大量电能。全所停电后，将使系统稳定破坏，电网瓦解，造成大面积停电。

2. 电压等级

我国现今建设的枢纽变电所一般有 500kV 及 330kV 两个电压等级。

3. 主变压器台（组）数及形式

（1）一般装设两台（组）主变压器，根据负荷增长需要分期投运，经过技术经济比较认为合理时，也可装设 3～4 台（组）变压器。

（2）具有 3 种电压的变压器，如通过主变压器各侧绕组的功率达到该变压器额定容量 15％以上，或低压侧虽无负荷，但需装设无功设备时，主变压器可选用三绕组变压器。

（3）与两种 110kV 及以上中性点直接接地系统连接的主变压器，一般应优先选用自耦变压器。当自耦变压器第三绕组有无功补偿设备时，应根据无功功率潮流，校核公共绕组容量，以免在某种运行方式下限制自耦变压器输出功率。

在长距离输电系统中，尚有带开关站性质的系统中间变电所，主要是把长距离输电线分段，以降低工频和操作过电压，缩小线路故障范围，提高系统稳定度。在系统中间变电所内或在线路中间装设串联补偿装置，可提高长距离线路的输电容量。建在双回路重要负荷长距离输电线上的系统中间变电所常采用出线为双断路器的变压器—母线接线，以保证长距离输电线路供电可靠性。

4. 接线示例

图 4－10 所示为大容量枢纽变电所主接线，采用两台三绕组自耦变压器连接两种升高电压。220kV 侧采用双母线带旁路母线接线形式，并装设专用旁路断路器。500kV 侧为一台半断路器接线且采用交叉接线形式。虽然在配电装置布置上比不交叉多用一个间隔，

增加了占地面积，但供电可靠性明显得到提高。35kV 低压侧用于连接静止补偿装置。

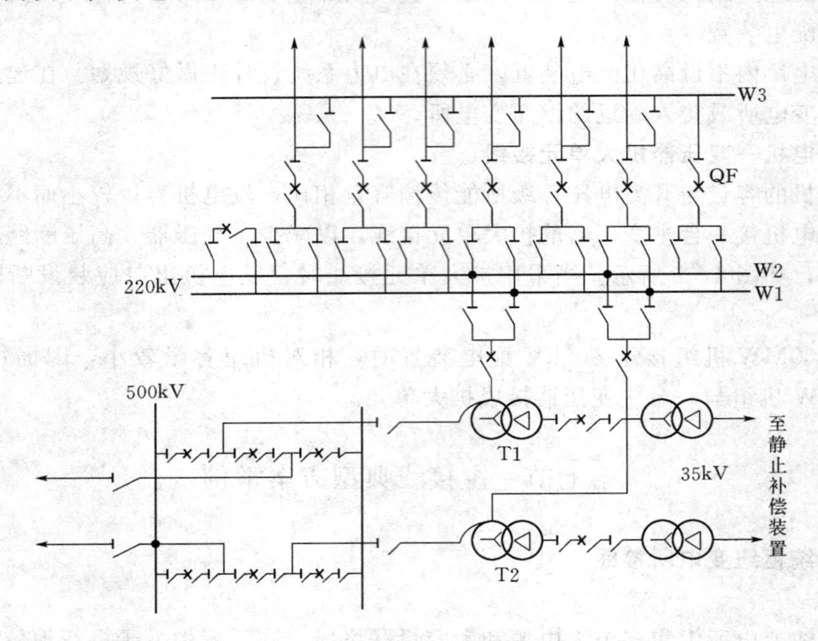

图 4-10　枢纽变电所主接线

二、地区重要变电所接线

1. 特点

地区重要变电所位于地区网络的枢纽点上，高压侧以交换或接受功率为主，供电给地区的中压侧和附近的低压侧负荷。全所停电后，将引起地区电网瓦解，影响整个地区供电。

2. 电压等级

电压为 220kV 及 330kV。

3. 主变压器台数及形式

(1) 一般装设两台主变压器。

(2) 主变压器形式选择同系统枢纽变电所。

此外，大型联合企业的总变电所地位也较重要，它要保证大型联合企业中各个分厂的供电。

三、一般变电所接线

1. 特点

一般变电所多为终端或分支变电所，降压供电给附近用户或企业。全所停电后只影响附近用户或企业供电。

2. 电压等级

电压多为 110kV，也有 220kV。

3. 主变压器台数及形式

(1) 一般为两台主变压器，当只有一个电源时，也可只装一台主变压器。

(2) 主变压器一般为双绕组或三绕组变压器。

4. 接线示例

如图4-11所示，110kV高压侧采用单母线分段，10kV侧亦为单母线分段，两段母线分列运行。为使出线能选用轻型断路器，在电缆馈线中装设线路电抗器，并按两台变压器并列工作条件选择。

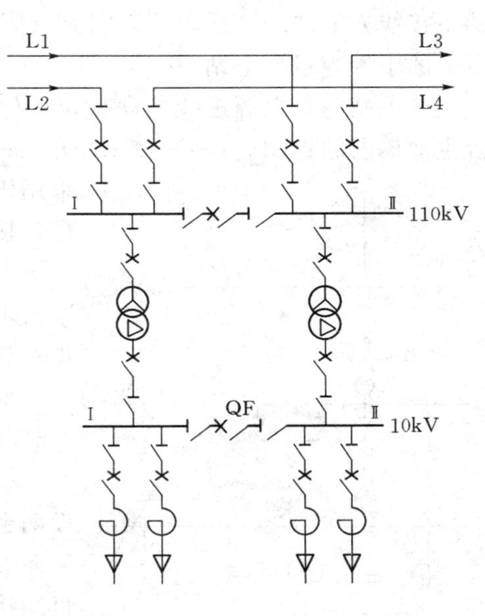

图4-11　110kV侧采用桥型主接线方案

四、农村变电站主接线

1. 具有一台主变压器的主接线

如图4-12（a）、（b）所示，属于农村户外式简易变电站，具有主接线简单、占地少、造价低、工期短和收益快的优点。适用于给农村照明和农副产品加工等负荷供电的小容量变电站或排灌专用变电站。35kV侧皆采用变压器—线路单元接线，用熔断器作主变压器的过负荷和短路保护，10kV侧皆采用单母线接线。图4-12（a）在主变压器10.5kV侧不设总开关，而在10kV馈出线路上采用DW型柱上油开关，作为线路的保护，可靠性比图4-12（b）高。图4-12（b）在主变压器10.5kV侧装设DW型柱上油开关，作为总开关，在10kV馈出线路采用DW4—10型熔断器，作为馈出线路的保护。因此，图4-12（b）比图4-12（a）所示接线更为经济。10kV出线以不超过4回为宜，主变压器容量限制在1000～3150kVA。

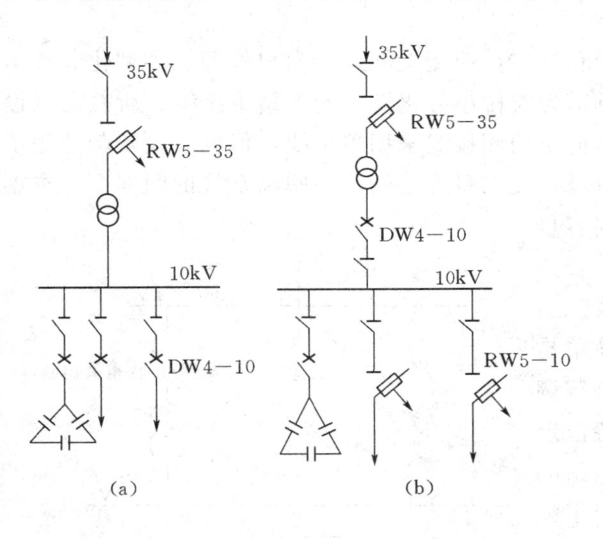

图4-12　具有一台变压器的主接线方案

（a）10kV侧进线不设开关出线设断路器的主接线方案；

（b）10kV侧进线设开关出线设熔断器的主接线方案

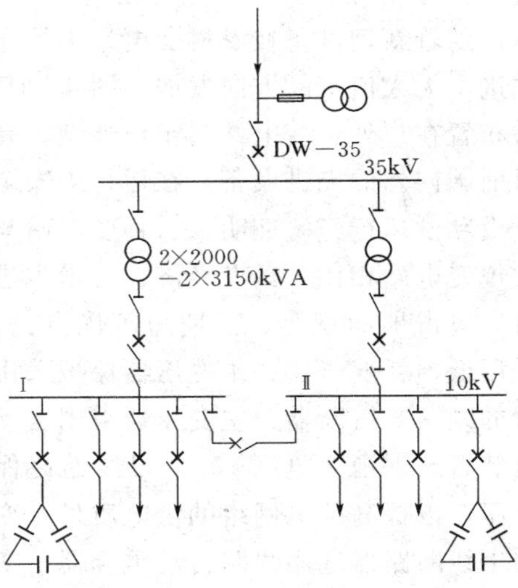

图4-13　10kV侧单母分段主接线方案

2. 具有两台主变压器的主接线

（1）容量中等的变电站主接线。图4-13所示为我国农村变电站通用设计中普遍采用的主接线方案之一。适用于以农业负荷为主，包括乡村企业及农副产品加工业等具有较大负荷的中等容量变电站。

变电站为单电源进线，设有35kV单母线。在电源进线上装设一台油断路器，作为两台主变压器的控制。10kV侧采用单母线分段接线，其开关均采用少油断路器，配电装置采用固定式高压开关柜。所用电由一台35kV所用变直配，接于35kV进线隔离开关外侧。

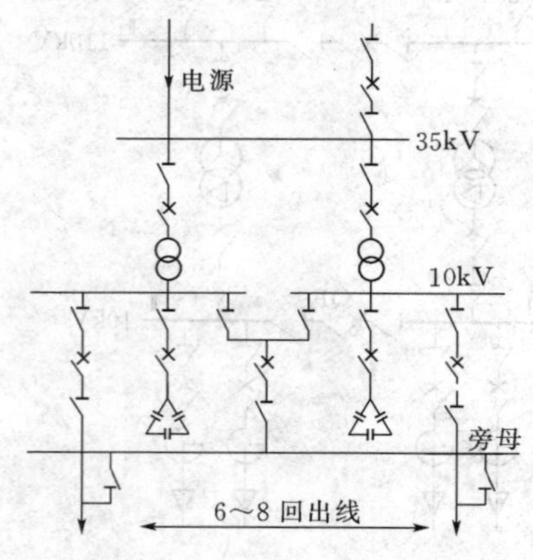

图 4-14 10kV侧单母分段带旁路母线主接线方案

在供电可靠性要求不高和熔断器能满足电网短路容量要求的情况下，主变压器高压侧可采用熔断器分别保护主变压器的接线方式，使此方案具有更好的经济性。

变电站10kV出线以6回为宜，其总容量可在4000～6300kVA。

(2) 容量较大的变电站主接线。图4-14所示为装设两台容量较大的主变压器的变电站主接线。变电站有一回35kV电源进线和一回35kV出线。35kV侧采用单母线接线，主变压器采用断路器控制。10kV侧采用单母线分段带旁路母线的接线，检修各出线断路器时，可做到不停电。出线为6～8回。

这种接线采用了比较先进的设备，具有较高的可靠性和灵活性，不但能满足一般的工业用户、农业用户、国防科技、政治文化、医疗和生活用电的需要，而且还能保证对重要用户的供电。因此，它适用于我国农村各县城或工业用户比较集中的地区。

3. 农村全户外式变电站主接线

随着新型设备在农村变电站中的应用和推广，使变电站逐步向户外型、小型化、技术先进、无人值班的方向发展。图4-15所示为农村小型化模式变电站主接线。所有高压设备布置在户外，变电站属于户外型。高、低压两侧接线采用单母线，但电气设备却选用了目前国内外的先进设备，在运行中安全可靠，使农村变电站开始脱离常规的旧框框。根据建设和试运行经验证明，这种变电站与同容量常规变电站相比，具有经济、技术先进、安全可靠、占地面积小、工期短等优点。其特点：选用低损耗变压器；主变压器保护采用简单易行的跌落式熔断器；主变压器采用自动有载调压装置，保证变电站10kV母线始终保持恒定电压，以提高配电网络的供电质量；变电站的馈出线断路器选用线路自动重合器，实现了配电网瞬时故障能重合，永久故障能闭锁，从而大大提高了供电的可靠性。

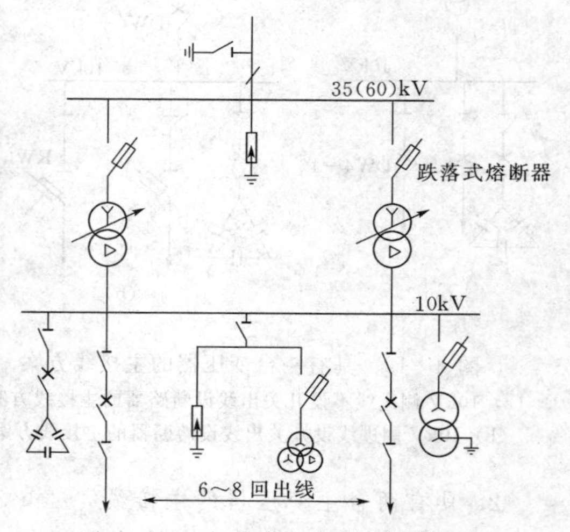

图 4-15 户外式变电所主接线方案

这种接线方案与同容量常规变电所相比，节约占地2/3，每个变电站占地约1.5亩（1亩=100m²）；节省建筑面积3/4，每个变电站

建筑面积约为 $50m^2$；减少主要设备造价 2/5（35kV 级）和3/10（60kV 级）；缩短工期 3/4。

此方案在设备选择上不需要另设任何控制和保护装置，因此为无人值班创造了有利条件。它符合我国农村电气化事业的发展要求，是今后发展农村用电的一种必然趋势，将在我国农村电网建设中发挥巨大的作用和产生明显的经济效益，对实现农业现代化具有战略意义。

五、主变压器选择

（一）主变压器容量的选择

主变压器容量必须满足网络中各种可能运行方式时的最大负荷的需要，考虑到负荷的发展，主变压器的容量应根据电力系统 5～10 年的发展规划进行选择，并考虑变压器允许的正常过负荷能力，使变压器容量选得切合实际需要。为此，首先要正确地估算变电站最大计算负荷，然后根据上述原则选择主变压器的额定容量。

1. 变电站计算负荷

在变电站主接线设计中是根据计算负荷选择主变压器的容量。负荷调查统计出的变电站供电范围内的所有用电设备的额定容量总和要比实际变动负荷大，因为用电设备实际负荷一般小于其额定容量，而且各种用电设备并非同时运行，其中有些设备停运，有些可能在检修。考虑这些因素计算出来的负荷称为计算负荷。用计算负荷选择主变压器容量切合实际，比较合理。变电站设计当年的计算负荷用下式计算

$$S_{js} = K_t \sum S_i (1 + X\%) \quad (kVA) \tag{4-1}$$

式中 S_{js}——变电站设计当年的计算负荷，kVA；

S_i——各用户（下级变电站）的计算负荷，kVA，$i=1, 2, 3, \cdots, n$；

K_t——同时系数，一般取 0.85～0.9；

$X\%$——线损率，高、低压网络的综合线损率为 8%～12%，系统设计时取 10%。

用户计算负荷的确定方法：目前广泛采用需要系数法求变电站各用户计算负荷，即

$$S_i = K_{xi} S_{ei} \quad (kVA) \tag{4-2}$$

式中 S_{ei}——各用电设备额定容量，kVA；

K_{xi}——各用电设备的需要系数，从有关设计手册查得。

5～10 年负荷的增长，可按自然增长率估算，认为负荷在一定阶段按某一指数关系增长。因此，计及负荷增长后的变电站最大计算负荷为

$$S_{jszd} = S_{js} e^{mn} \quad (kVA) \tag{4-3}$$

式中 S_{jszd}——n 年后的最大计算负荷，kVA；

n——年数；

m——年均负荷增长率，根据历史资料确定。

2. 确定主变压器的额定容量

（1）装设一台主变压器的变电站。根据我国变压器运行的实践经验，并参考国外的实践经验，我国农村变电站单台主变压器的额定容量按下式选择

$$S_e \geqslant (0.75 \sim 0.8) S_{jszd} \quad (kVA) \tag{4-4}$$

式中 S_e——主变压器额定容量，kVA。

按式（4-4）选出主变压器的额定容量，可使主变压器较长时间在接近满负荷状态下

运行，变电站的高峰负荷由变压器的正常过负荷能力来承担。如果主变压器容量按 $S_e \geqslant S_{jszd}$ 条件选出时，由于高峰负荷时间（0.5～1h）很短，主变压器长时间将在欠负荷情况下工作，使主变压器的安装容量得不到充分利用。

(2) 装设两台等容量主变压器的变电站。每台主变压器的额定容量 S_e 应满足60%的最大负荷的需要，即

$$S_e \geqslant 0.6S_{jszd} \quad (\text{kVA}) \tag{4-5}$$

当一台主变压器运行时，可保证对60%负荷的供电，考虑变压器的事故过负荷能力为40%，则供电的保证率达84%。在事故运行方式下可以切除其余的3类负荷，确保对重要用户的供电。

(3) 装设两台不等容量主变压器的变电站。两台主变压器并联时，其额定容量要满足并列运行条件规定的容量比例关系。解列运行时，单台主变压器额定容量应满足单台主变压器经济运行容量大于最小负荷的条件。

（二）主变压器台数的选择

(1) 电力负荷季节性很强，适宜于采用经济运行方式的变电站，可装设两台等容量或不等容量的主变压器。

(2) 变电站有重要负荷，应采用两台主变压器。

(3) 除上述两种情况外，一般变电站设置一台主变压器。

（三）主变压器的类型

农村变电站一般多采用双绕组三相变压器。对于电压偏移大的变电站可采用有载调压变压器。容量较大的110kV的变电站，为满足不同电压等级用户的要求，可采用三绕组变压器。

第八节　主接线方案的经济比较

一、经济计算

对符合设计要求和原则的几个方案进行经济计算，以确定最佳方案。经济计算是计算主接线各种方案的费用和效益作经济对比。

经济计算的内容包括设备投资及年运行费两部分。计算时，只需计算各方案不同部分的投资和年运行费。

1. 设备投资的计算

设备投资一般按综合投资计算。综合投资是设备出厂价、运输及安装费的总和，按下式计算

$$Z = Z_0(1 + a\%) \quad (\text{元}) \tag{4-6}$$

式中　Z——综合投资，元；

Z_0——主体设备的综合投资（包括变压器、开关电器、母线、配电装置等设备），元；

a——不明显的附加费用比例系数，如基础加工、电缆沟道开挖费用等，35kV取100，110kV取90，220kV取70。

2. 年运行费的计算

年运行费包括电能损耗费及维修、维护、折旧费，按下式计算

$$F_n = \beta \Delta A + F_1 + F_2 \tag{4-7}$$

式中 F_n——年运行费，元；

β——电能电价，取各地实际电价；

ΔA——变压器年电能损耗，kW·h；

F_1——检修、维护费，取（0.02～0.042）Z；

F_2——折旧费，取（0.005～0.058）Z。

变压器年电能损耗计算方法如下：

（1）同容量并列运行的双绕组变压器：

$$\Delta A = \sum_{i=1}^{m}\left[n\Delta P_0 + \frac{1}{n}\Delta P\left(\frac{S_i}{S_e}\right)^2\right]t_i \quad (\text{kW}\cdot\text{h}) \tag{4-8}$$

式中 ΔP_0——每台变压器的空载有功损耗，kW；

ΔP——每台变压器的短路有功损耗，kW；

n——相同的变压器台数；

S_e——每台变压器的额定容量，kVA；

S_i——n 台变压器承担的总负荷，kVA，$i=1，2，3，\cdots，m$；

m——负荷曲线上划分的时段数；

t_i——对应于负荷 S_i 的运行时间，h。

（2）同容量并列运行的三绕组变压器：

当容量比为 100/100/100、100/100/66.6、100/100/50 时：

$$\Delta A = \sum_{i=1}^{m}\left[n\Delta P_0 + \frac{1}{2n}\Delta P\left(\frac{S_{1i}^2}{S_e^2} + \frac{S_{2i}^2}{S_e^2} + \frac{S_{3i}^2}{S_e S_{3e}}\right)\right]t_i \quad (\text{kW}\cdot\text{h}) \tag{4-9}$$

式中 S_{1i}、S_{2i}、S_{3i}——n 台变压器在 t_i 内第 1、2、3 绕组承担的总负荷，kVA；

S_{3e}——第三绕组的额定容量，kVA。

当三绕组容量比为 100/66.6/66.6 时：

$$\Delta A = \sum_{i=1}^{m}\left[n\Delta P_0 + \frac{1}{1.83n}\Delta P\left(\frac{S_{1i}^2}{S_e^2} + \frac{S_{2i}^2}{S_e S_{2e}} + \frac{S_{3i}^2}{S_e S_{3e}}\right)\right]t_i \quad (\text{kW}\cdot\text{h}) \tag{4-10}$$

式中 S_{2e}——第二绕组的额定容量，kVA。

二、确定方案

求出各方案的综合投资 Z 和年运行费 F_n 之后，要通过经济比较，确定最佳方案。对于农村变电所，由于其建设工期较短，一般采用不考虑投资时间对经济效益影响的静态比较法。

（1）优先选择诸方案中 Z 与 F_n 均为最小的方案。

（2）在技术上相当的两个方案中，第一个方案 Z 大而 F_n 小，第二个方案 Z 小而 F_n 大时，用偿还年限法来确定最佳方案。偿还年限用式（4-11）计算，即

$$N_s = (Z_1 - Z_2)/(F_{n2} - F_{n1}) \tag{4-11}$$

式中 Z_1、F_{n1}——第一个方案的综合投资、年运行费，元；

Z_2、F_{n2}——第二个方案的综合投资、年运行费，元；

N_s——偿还年限。

农村变电站的标准偿还年限 N_b 规定为 5 年。

当 $N_s<5$，采用综合投资高的第一种方案。因为第一种方案多投资的费用，可在 N_s 年内由节约的年运行费予以补偿。

当 $N_s>5$，采用综合投资低的第二种方案。因为第一种方案每年节约的年运行费，不足以在 5 年内将多投资的费用偿还。

当 $N_s=5$，采用哪种方案都行。因为两种方案在经济上有同等价值。

（3）技术上相当的方案在两个以上时，则计算费用最小的方案为最佳方案。可用下式计算

$$F_{ji}=Z_i/N_b+F_{ni}\quad（元）\tag{4-12}$$

式中 F_{ji}——各方案的计算费用，元；

Z_i——各方案的综合投资，元；

F_{ni}——各方案的年运行费，元，$i=1$、2、3，…；

N_b——标准偿还年限。

思　考　题

1. 什么叫电气主接线？主接线的设计应满足哪些基本要求？
2. 什么叫母线？采用母线有何优、缺点？
3. 各种形式的电气主接线各有哪些优、缺点？它们的适用范围是什么？
4. 在什么情况下要装设旁路母线？如何利用旁路母线检修进出线断路器？
5. 在变电站中进行送电和停电时的倒闸操作原则是什么？为什么要遵循这种原则？
6. 在双母线接线中，如果工作母线故障或检修任一母线隔离开关时，如何进行倒母线？其中母线联络断路器起什么作用？
7. 变电站主变压器的容量和台数是根据什么原则和方法选择的？
8. 电气主接线设计的经济计算内容和方法是什么？
9. 如图 4-16 所示的主接线中，在正常运行时Ⅰ、Ⅱ母线由 G_1、G_2、QF_f 连接并列运行，请写出向 L_1 不间断供电的条件下退出 QF_1 检修的操作顺序（要求操作期间Ⅰ、Ⅱ母线继续保持并列）。

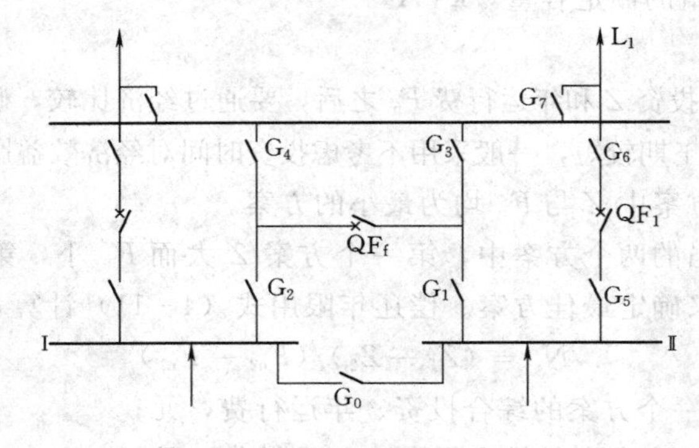

图 4-16　题 9 用图

10. 某 220kV 系统的重要变电站，装置两台 120MVA 的主变压器，220kV 侧有 4 回进线，110kV 侧有 10 回出线且均为重要的一、二类负荷，不允许停电检修出线断路器，应采用何种接线方式为好？画出主接线图并简要说明。

11. 设计一个 35kV 农村变电站，要求画出主接线图，注明符号，主变压器容量和台数的选择要有简要的计算和说明。

原始资料：站址设在农村一个乡，以农业负荷为主，有一回电源进线。变电站低压侧有 4 回 10kV 出线，其计算负荷总和为 1570kVA，今后 5 年的年负荷平均增长率为 8%，线损率为 10%。

12. 设计一个农村变电站主接线，要求画出主接线图，注明符号，主变压器容量和台数的选择要有简要的计算和说明。

原始资料：电源进线为一回 66kV。10kV 出线为 6 回，其计算负荷总和为 4200kVA，今后 7 年的年负荷平均增长率为 10%，工业负荷所占比例较大，并有少量的二类负荷，线损率为 9%。

第五章　电气设备的发热和电动力计算

第一节　电气设备的允许温度

电气设备在运行中，电流通过导体时产生电能损耗，铁磁物质在交变磁场中产生涡流和磁滞损耗，绝缘材料在强电场作用下产生介质损耗。这 3 种损耗几乎全部转变为热能，一部分散失到周围介质中，一部分加热导体和电器使其温度升高。电气设备运行实践证明，当导体和电器的温度超过一定范围以后，将会加速绝缘材料的老化，降低绝缘强度，缩短使用寿命，显著地降低金属导体机械强度（见图 5-1）；将会恶化导电接触部分的连接状态，以致破坏电器的正常工作。因此，电气设备的发热是影响其正常寿命和工作状态的主要因素。

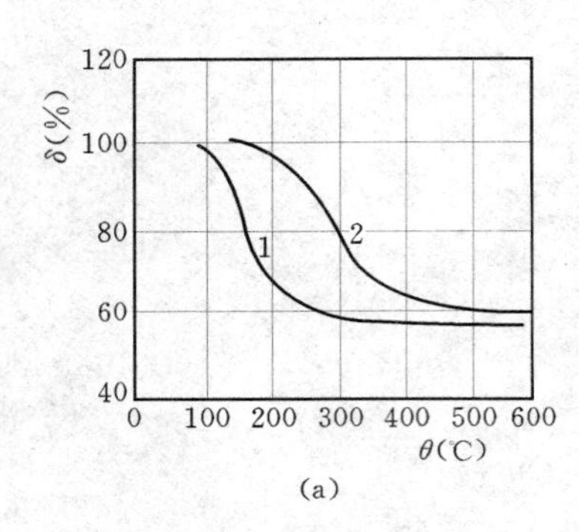

(a)

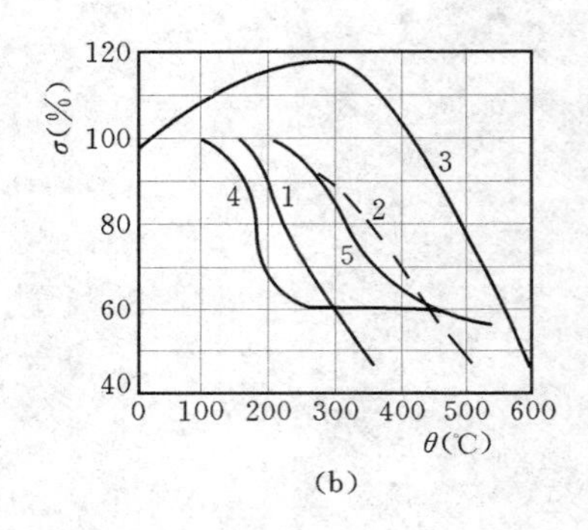

(b)

图 5-1　金属材料机械强度与温度的状态

(a) 铜

1—连续发热；2—短时发热

(b) 不同的金属导线

1—硬粒铝；2—青铜；3—钢；4—电解铜；5—铜

由正常工作电流引起的发热，称为长期工作发热。导体通过的电流较小，时间长，产生的热量有充分时间散失到周围介质中，热量是平衡的。达到稳定温升之后，导体的温度保持不变。

由短路电流引起的发热，称为短路时发热。由于导体通过的短路电流大，产生的热量很多，而时间又短，所以产生的热量向周围介质散发的很少，几乎都用于导体温度升高，热量是不平衡的。

为了限制发热的有害影响，保证导体和电器工作的可靠性和正常的使用寿命，对上述两种发热的允许温度和允许温升做了明确的规定，见表 5-1 和表 5-2。如果长期正常工作电流或短路电流通过导体、电器时，实际发热温度不超过它们各自的发热允许温度，即有足够的热稳定性。

表 5-1　　导体长期工作发热和短路时发热的允许温度

导体种类和材料	长期工作发热		短路时发热	
	允许温度（℃）	允许温升（℃）①	允许温度（℃）	允许温升（℃）②
1. 裸母线				
铜	70③		300	230
铝	70③		200	130
钢（不和电器直接连接时）	70		400	330
钢（和电器直接连接时）	70		300	230
2. 油浸纸绝缘电缆				
铜芯 10kV 及以下	60～80	45	250	190～170
铝芯 10kV 及以下	60～80	45	200	140～120
铜芯 20～35kV	50	45	175	125
3. 充油纸绝缘电缆 60～330kV	70～75	45	160	90～85
4. 橡皮绝缘电缆	50		150	100
5. 聚氯乙烯绝缘电缆	60		130	70
6. 交联聚乙烯绝缘电缆				
铜芯	80		230	150
铝芯	80		200	120
7. 中间接头的电缆				
锡焊接头			120	
压接接头			150	

① 指导体温度对周围环境温度的升高。我国所采用的计算环境温度为：电力变压器和电器（周围环境温度）40℃；发电机（利用空气冷却时进入的空气温度）35～40℃；装在空气中的导线、母线和电力电缆 25℃；埋入地下的电力电缆 15℃。

② 指导体温度较短路前的升高值，通常取导体短路前的温度等于它长期工作时的最高允许温度。

③ 裸导体的长期允许工作温度一般不超过 70℃，当其接触面处具有锡的可靠覆盖层时，允许提高到 85℃；当有镀银的覆盖层时，允许提高到 95℃。

表 5-2　　交流高压电器在长期工作时的发热允许温度（GB763—74）

电器各部分的名称及材料	最大允许发热温度（℃）		环境温度 40℃时允许温升（℃）	
	空气中	在油中	空气中	在油中
1. 不与绝缘材料接触的金属部分				
（1）需要考虑发热对机械强度的影响				
铜	110	90	70	50
铜镀银	120	90	80	50
铝	100①	90	60	50
钢、铸铁及其他	110	90	70	50
（2）不需要考虑发热对机械强度的影响				
铜或铜镀银	145	90	105	50
铝	135	90	95	50
2. 与绝缘材料接触的金属部分以及由绝缘材料制成的零件，当绝缘材料等级为				
Y	85	—	45	
A	100	90	60	50
E、B、F、H 和 C	110	90	70	50

续表

电器各部分的名称及材料	最大允许发热温度（℃）		环境温度 40℃时允许温升（℃）	
	空气中	在油中	空气中	在油中
3. 最上层变压器油				
（1）作为灭弧介质时		80		40
（2）只作为绝缘介质时		90		50
4. 接触连接				
（1）用螺栓、螺纹、铆钉或其他形式紧固时				
铜或铝无镀层	80	85	45	45
铜或铝镀（搪）锡	90	90	50	50
铜镀银	105	90	65	50
（2）用弹簧压紧时				
铜或铜合金无镀层②	75	80	35	40
铝或铝合金②		80		40
铜或铜合金镀银②	105	90	65	50
5. 铜编制线	(85)③	90	(45)③	50

① 需要考虑发热对机械强度影响的铝，最大允许发热温度取 100℃，不需要考虑发热对机械强度影响的铜、铝，最大允许发热温度可以适当提高。

② 所指合金系指铜基、铝基与银基合金，不包括粉末冶金。

③ 括号内为推荐值。

第二节 导体的长期发热计算

导体的长期发热计算是根据导体长期发热允许温度 θ_y 来确定其允许电流 I_y，使导体的允许电流不小于通过导体的最大长期工作电流；或者根据通过导体的最大长期工作电流 $I_{g.zd}$ 来计算导体长期发热温度 θ_c，使导体的长期发热允许温度 θ_y 不得小于导体长期发热温度 θ_c。

一、导体的发热过程

电流通过载流导体时电能以热能的形式产生损耗，其中一部分散失到周围介质中，一部分使导体本身温度升高。此时，热平衡方程式为

$$I^2R\mathrm{d}t = mC\mathrm{d}\theta + \alpha_t F(\theta - \theta_0)\mathrm{d}t = mC\mathrm{d}\tau + \alpha_t F\tau\mathrm{d}t \tag{5-1}$$

式中 I——通过载流导体的电流，A；

R——导体的电阻，Ω；

m——导体质量，kg，$m=\gamma sL$；

C——导体的比热容，J/（kg·℃）；

θ——实际环境温度，℃；

θ_0——计算环境温度，℃；

α_t——导体的散热系数，W/（m^2·℃）；

F——导体的放热表面积，m^2；

τ——导体的温升，℃；

$mCd\tau$——导体本身的温升所需的热量；

$\alpha_t F\tau dt$——导体向周围散发的热量。

$$mC\frac{d\tau}{dt}+\alpha_t F\tau = I^2R \qquad (5-2)$$

根据边界条件：$t=0$，$\tau=\tau_i$ 得

$$\tau=\frac{I^2R}{\alpha_t F}(1-e^{-\frac{\alpha_t F}{mC}t})+\tau_i e^{-\frac{\alpha_t F}{mC}t}=\frac{I^2R}{\alpha_t F}(1-e^{-\frac{t}{T}})+\tau_i e^{\frac{t}{T}} \qquad (5-3)$$

当 $t\to\infty$时，$\tau=\frac{I^2R}{\alpha_t F}=\tau_w$。

τ_w 的物理意义是稳定温升的大小与电流平方成正比，与导体散热能力成反比，而与导体的起始温度无关，此时导体的发热量等于散热量。

式中：T 为发热时间常数，$T=\frac{mC}{\alpha_t F}$，表示导体发热过程进行得快慢，T 与导体的热容量成正比，与导体散热能力成反比，而与导体电流大小无关。

当周围环境温度为 θ_0，导体长期允许温度 θ_y，根据 $\tau_w=\frac{I^2R}{\alpha_t F}$得

$$I_y=\sqrt{\frac{\alpha_t F\tau_w}{R}}=\sqrt{\frac{\alpha_t F}{R}(\theta_y-\theta_0)} \qquad (5-4)$$

令 $\alpha_t(\theta_y-\theta_0)=q$，为导体的放热率，$W/m^2$；$Fq=Q$，为单位时间内导体表面放出的总热量，W。

所以

$$I_y=\sqrt{\frac{Q}{R}} \qquad (5-5)$$

I_y 决定于导体表面的放热能力和导体电阻。放热能力越强，I_y 越大；反之越小，而导体电阻越小，I_y 越大。

二、允许电流 I_y 的确定

对于母线、电缆等均匀导体的允许电流 I_y，在实际电气设计中，通常采用查表法来确定。国产的各种母线和电缆截面已标准化，根据标准截面和导体，计算环境温度为25℃及最高发热允许温度 θ_y 为 70℃，编制了标准截面允许电流表，设计时可从中查取。

如果导体的实际环境温度 θ 与计算环境温度 θ_0 不同时或敷设条件不同时，允许电流应进行校正。例如，环境温度为 θ 时允许电流为

$$I_{y0}=I_y\sqrt{\frac{\theta_y-\theta}{\theta_y-\theta_0}}\ \text{(A)} \qquad (5-6)$$

式中 I_{y0}——实际环境温度为 θ 时的导体允许电流，A；

I_y——计算环境温度为 θ_0 时的导体允许电流，A；

θ_y——导体长期发热允许温度，℃；

θ——实际环境温度，℃（见表 5-3）；

θ_0——计算环境温度，℃（见表 5-4）。

表 5-3　　选择电气设备时的实际环境温度 θ　　单位:℃

类　别	安装场所	实　际　环　境　温　度	
		最　高　温　度	最低温度
电　器	屋　外	年最高温度	年最低温度
	屋内电抗器	该处通风设计最高排风温度	
	屋　内	该处通风设计温度。当无资料时，可取最热月平均最高温度加 5℃	
裸导体	屋　外	最热月平均最高温度	年最低温度
	屋　内	屋内通风设计温度。当无资料时，可取最热月平均最高温度加 5℃	
电　缆	屋外电缆沟	最热月平均最高温度	
	屋内电缆沟	屋内通风设计温度。当无资料时，可取最热月平均最高温度加 5℃	
	电缆隧道	该处通风设计温度。当无资料时，可取最热月平均最高温度加 5℃	
	土中直埋	最热月的平均地温	

表 5-4　　电气设备的计算环境温度 θ_0　　单位:℃

设备	绝缘子		隔离开关	短路器	电流互感器	电压互感器	变压器	电抗器	熔断器	电力电容器	电力电缆		母线
	支柱	穿墙									空气中	土中、水中	
θ_0			40			40		40		25	25	15	25

【例 5-1】　某发电厂主母线的截面为 50mm×5mm，材料为铝。θ_0 为 25℃，θ 为 30℃。试求该母线竖放时长期工作允许电流。

解：从母线载流量表中查出截面为 50mm×50mm，$\theta_0=25$℃，铝母线竖放时的长期允许电流 $I_y=665$A。将 $I_y=665$ A 代入式（5-1）中，得到 $\theta=30$℃时的母线长期允许电流，即

$$I_{y\theta}=I_y\sqrt{\frac{\theta_y-\theta}{\theta_y-\theta_0}}=665\times\sqrt{\frac{70-30}{70-25}}=627\quad(\mathrm{A})$$

三、导体长期发热 θ_c 的计算

导体长期发热 θ_c 可按式（5-7）计算，即

$$\theta_c=\theta+(\theta_y-\theta)\left(\frac{I_{g\cdot zd}}{I_{y\theta}}\right)\ (℃) \tag{5-7}$$

式中　θ_c——导体长期发热温度,℃；

$I_{g\cdot zd}$——通过导体的最大长期工作电流（持续 30min 以上的最大工作电流），A；

$I_{y\theta}$——校正后的导体允许电流，A。

第三节　导体短路时的发热计算

短路电流通过导体时，其发热温度很高，导体或电器都必须经受短路电流发热的考

验，导体或电器承受短路电流热效应而不致损坏的能力为热稳定性。为了使导体或电器在短路时不致因为过热而损坏，必须要计算在短路时的最高发热温度 θ_d，并校验这个温度是否超过导体或电器短路时发热允许温度 θ_{dy}，即校验其热稳定性。如果 $\theta_d \leqslant \theta_{dy}$ 时，就满足导体或电器的热稳定性；反之，需要增加导体截面积或限制短路电流。

一、发热计算的条件

由于导体短路时的电流很大，而时间又很短，导体产生的大量热量来不及向周围环境散失，可视为在短路时间内产生的全部热量被导体吸收用来升高温度，发热过程处在绝热状态，即不考虑散热。

发生短路时，导体温度变化范围很大，从几十度升高几百度。所以，导体的电阻和比热容不能看做常数，应是温度的函数。导体温度为 θ℃时的电阻为

$$R_\theta = \rho_0(1+\alpha\theta)\frac{l}{S} \quad (\Omega) \tag{5-8}$$

式中　R_θ——温度为 θ℃时导体的电阻，Ω；

ρ_0——0℃时导体的电阻率，Ω·m；

α——ρ_0 的温度系数，1/℃；

l——导体的长度，m；

S——导体的截面积，m^2。

导体的温度为 θ℃时的比热容为

$$C_\theta = C_0(1+\beta\theta) \quad [J/(kg\cdot K)] \tag{5-9}$$

式中　C_θ——温度为 θ℃时导体的比热容，J/（kg·K）；

C_0——0℃时导体的比热容，J/（kg·K）；

β——C_0 的温度系数，1/℃。

二、短路时发热温度 θ_d 的计算

根据短路时导体发热计算条件，导体产生的全部热量与其吸收的热量相平衡，则有

$$I_d^2 R_\theta \mathrm{d}t = C_\theta m \mathrm{d}\theta$$

$$I_d^2 \rho_0(1+\alpha\theta)\frac{l}{S}\mathrm{d}t = C_0(1+\beta\theta)\rho_m S l \mathrm{d}\theta \tag{5-10}$$

式中　I_d——短路电流全电流有效值，A；

m——导体质量，$m=\rho_m Sl$，kg；

ρ_m——导体材料的密度，kg/m^3。

由式（5-10）得

$$\frac{1}{S^2}I_d^2\mathrm{d}t = \frac{C_0\rho_m}{\rho_0}\left(\frac{1+\beta\theta}{1+\alpha\theta}\right)\mathrm{d}\theta \tag{5-11}$$

令短路发生时刻为 0 s，切除时刻为 t s，对应的导体温度为 θ_q（导体起始温度）和 θ_d，对式（5-11）两边积分，即

$$\frac{1}{S^2}\int_0^t I_d^2\mathrm{d}t = \frac{C_0\rho_m}{\rho_0}\int_{\theta_q}^{\theta_d}\left(\frac{1+\beta\theta}{1+\alpha\theta}\right)\mathrm{d}\theta$$

$$Q_d = S^2(A_d - A_q)$$

$$A_d = \frac{Q_d}{S^2} + A_q \tag{5-12}$$

式中 Q_d 短路电流的热脉冲，$Q_d = \int_0^t I_d^2 dt$

$$\left.\begin{aligned} A_d &= \frac{C_0 \rho_m}{\rho_0}\left[\frac{\alpha-\beta}{\alpha^2}\ln(1+\alpha\theta_d) + \frac{\beta}{\alpha}\theta_d\right] \\ A_q &= \frac{C_0 \rho_m}{\rho_0}\left[\frac{\alpha-\beta}{\alpha^2}\ln(1+\alpha\theta_q) + \frac{\beta}{\alpha}\theta_q\right] \end{aligned}\right\} \tag{5-13}$$

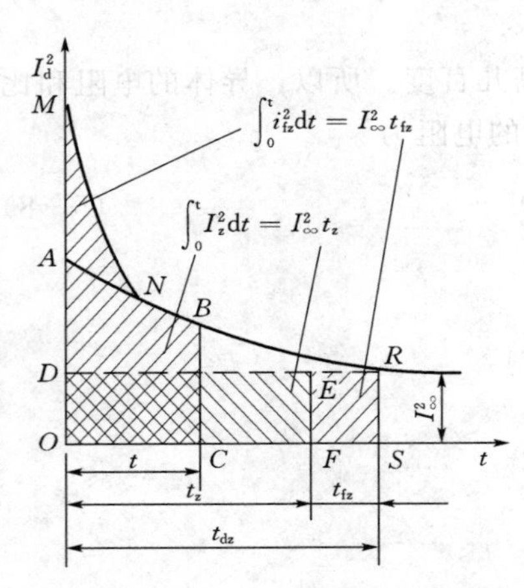

图 5-2　无自动电压调节器的 $I_d^2 = f(t)$ 曲线

A_d 为导体短路发热至最高温度 Q_d 时所对应的 A 值，A_q 为短路开始时刻导体起始温度为 θ_q 所对应的 A 值。

短路电流的热脉冲 Q_d 与短路电流产生的热量成比例，能表征导体短路时产生的热量。

由 $Q_d = \int_0^t I_d^2 dt$ 和式（5-13）可以看出，Q_d 的计算和 A_d 与 A_q 的计算，用解析方法都很麻烦，因此，工程上一般都采取简化的计算方法，现分述如下。

1. 短路电流热脉冲 Q_d 的计算

通常采用两种简化的近似计算方法，即等值时间法和图解法。对于容量为 100MW 及以上的发电机，采用图解法。农村发电厂机组容量较小，采用等值时间法来计算热脉冲 Q_d，即在短路时间 t 内电流 I_d 产生的热效应与等值时间 t_{dz} 内稳态电流 I_∞ 产生的热效应相同，如图 5-2 所示。因此有

$$Q_d = \int_0^t I_d^2 dt = I_\infty^2 t_{dz} \tag{5-14}$$

t_{dz} 称为短路发热等值时间，其值为

$$t_{dz} = t_z + t_{fz} \text{ (s)} \tag{5-15}$$

式中　t_z——短路电流周期分量等值时间，s；

t_{fz}——短路电流非周期分量等值时间，s。

t_z 从图 5-3 所示的周期分量等值时间曲线查得，图中 $\beta'' = \frac{I''}{I_\infty}$，$t$ 为短路计算时间。

图 5-3 只作出 $t \leqslant 5$s 的曲线，如果短路时间 $t > 5$s 以后的短路电流等于稳态电流，这种情况下的短路发热等值时间 t_{dz} 用式（5-16）计算，即

$$t_{dz} = t_{z(5)} + (t-5) \text{ (s)} \tag{5-16}$$

式中　$t_{z(5)}$——在 $t=5$s 曲线上查得的 t_z，s。

当 $t > 1$s 时，短路电流非周期分量基本衰减完了，可不计及非周期分量的发热，所以不计算 t_{fz}，只计算 t_z，此时 $Q_d = I_\infty^2 t_z$。但在 $t < 1$s 时，应计及非周期分量的发热，短路电流的热脉冲 $\theta_d = I_\infty^2$（$t_z + t_{fz}$）。t_{fz} 用计算方法求得。非周期分量热脉冲为

$$\int_0^t i_{fz}^2 dt = I_\infty^2 t_{fz} \tag{5-17}$$

$$i_{fz} = \sqrt{2}I''e^{-\frac{t}{T_a}}$$

$$\int_0^t (\sqrt{2}I''e^{-\frac{t}{T_a}})^2 dt = I_\infty^2 t_{fz}$$

$$T_a I''^2 (1 - e^{-\frac{2t}{T_a}}) = I_\infty^2 t_{fz}$$

则

$$t_{fz} = T_a \left(\frac{I''}{I_\infty}\right)^2 (1 - e^{-\frac{2t}{T_a}}) \tag{5-18}$$

式中　T_a——短路电流非周期分量衰减时间常数（平均值约为0.05s），s。

当 T_a=0.05s 和 t>0.1s 时，式（5-18）中的 $-e^{-\frac{2t}{T_a}}\approx 0$，因此

$$t_{fz} = 0.05\beta''^2$$

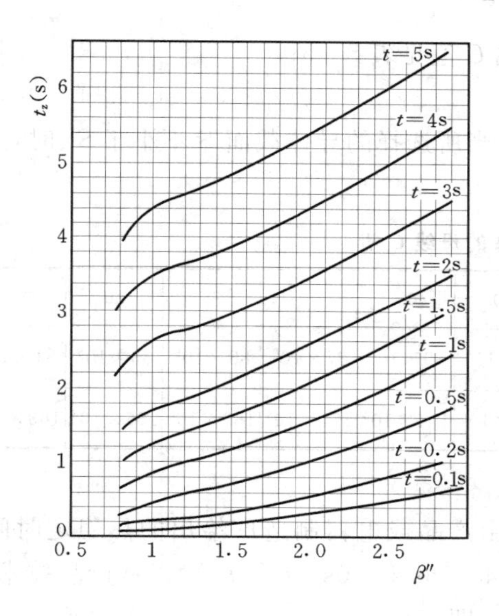

图 5-3　具有自动电压调节器的发电机短路电流周期分量等值时间曲线

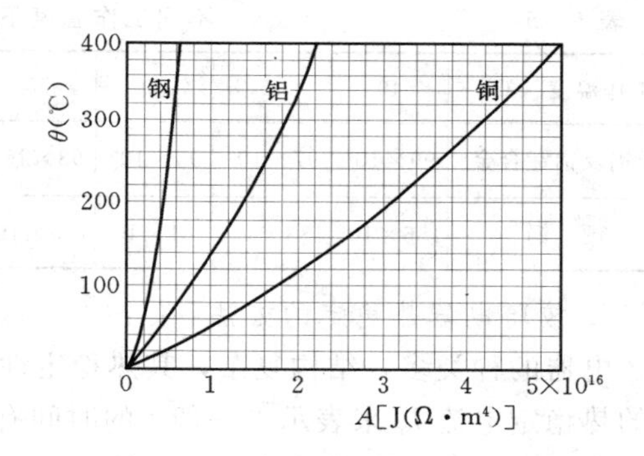

图 5-4　$\theta=f$（A）曲线

2. A_d 与 A_q 的计算

按照式（5-13）作成 $\theta=f$（A）曲线（见图5-4）。求 A 值时，首先由已知的短路开始时刻导体起始温度 θ_q（一般取正常运行时导体发热允许温度），在图5-4中相应导体材料的曲线上查出 A_q 值，再根据式（5-14）求出热脉冲 Q_d 值，最后将 A_q、Q_d 和导体截面 S 值代入式（5-12）中，求出 A_d 值。求出 A_d 值后，由 A_d 值在相应导体材料的 $\theta=f$（A）曲线上可查得短路时导体最高发热温度 θ_d 值。

三、校验电气设备的热稳定方法

1. 校验载流导体热稳定方法

（1）允许温度法：校验方法是利用公式 $A_d=\frac{Q_d}{S^2}+A_q$ 曲线来求短路时导体最高发热温度 θ_d，当 θ_d 不大于导体短路时发热允许温度 θ_{dy} 时，认为导体在短路时发热满足热稳定。否则，不满足热稳定。

（2）最小截面法：根据式（5-12）和式（5-14）得

$$S = I_\infty \sqrt{\frac{t_{dz}}{A_d - A_q}} \tag{5-19}$$

设短路发热最高温度 θ_d 等于其最高允许温度 θ_{dy}，导体起始温度 θ_q 等于长期发热允许温度 θ_y。由 $\theta = f(A)$ 曲线查得对应于 θ_{dy} 和 θ_y 的 A_{dy} 和 A_y 值，将式（5-19）中的 A_d 和 A_q 分别用 A_{dy} 和 A_y 来代替，则该式中所决定的导体截面 S 就是短路时导体发热温度等于发热允许温度时的导体所需要的最小截面 S_{zx}。因此，计及集肤效应时，可得出计算最小截面公式为

$$S_{zx} = I_\infty \sqrt{\frac{t_{dz} K_j}{A_{dy} - A_y}} = \frac{I_\infty}{C} \sqrt{t_{dz} K_j} \quad (m^2) \tag{5-20}$$

式中 C——热稳定系数，$C = \sqrt{A_{dy} - A_y}$，母线 C 值见表 5-5；

K_j——集肤效应系数，查设计手册可得。

用最小截面 S_{zx} 来校验载流导体的热稳定性，当所选择的导体截面 S 不小于 S_{zx} 时，导体是热稳定的；反之，不满足热稳定。

表 5-5　不同工作温度下裸导体的母线 C 值

工作温度（℃）	40	45	50	55	60	65	70	75	80	85
硬铝及铝锰合金	99×10^6	97×10^6	95×10^6	93×10^6	91×10^6	89×10^6	87×10^6	85×10^6	83×10^6	81×10^6
硬　铜	186×10^6	183×10^6	181×10^6	179×10^6	176×10^6	174×10^6	171×10^6	169×10^6	166×10^6	163×10^6

2. 校验电器热稳定的方法

电器的种类多，结构复杂，其热稳定性通常由产品或电器制造厂给出的热稳定时间 t 内的热稳定电流 I_r 来表示。一般 t 的时间有 1s、4s、5s 和 10s。t 和 I_r 可以从产品技术数据表中查得。校验电器热稳定应满足式（5-21），即

$$I_r^2 t \geqslant I_\infty^2 t_{dz} \tag{5-21}$$

如果不满足式（5-21）的关系，则说明电器不满足热稳定，这样的电器不能选用。

3. 比较三相和两相短路的发热

短路时发热计算一般都按三相短路计算，因为电力网任一点三相短路电流 $I''^{(3)}$ 总比该点的两相短路电流大。因此，当计算出的三相稳态短路电流 $I_\infty^{(3)}$ 大于两相稳态短路电流 $I_\infty^{(2)}$ 时，则三相短路发热比两相短路发热严重，这时应按三相短路校验电气设备的热稳定。

但在少数情况下，如独立运行的发电厂，可能出现 $I_\infty^{(3)} \leqslant I_\infty^{(2)}$。这时不能因为 $I_\infty^{(3)} < I_\infty^{(2)}$，而按两相短路校验热稳定，必须进行发热比较，因为发热不但与电流有关，而且还和等值时间有关。如果 $I_\infty^{(2)2} t_{dz}^{(2)} > I_\infty^{(3)2} t_{dz}^{(3)}$，则两相短路发热大于三相短路发热，应按两相短路校验热稳定；反之，按三相短路校验热稳定。

计算 $t_{dz}^{(2)}$ 时，$\beta''^{(2)} = I''^{(2)}/I_\infty^{(2)} = \frac{\sqrt{3}}{2} I''^{(3)}/I_\infty^{(2)}$。利用图 5-3 所示的曲线查出 $t_z^{(2)}$，再利用式（5-18）求出 $t_{fz}^{(2)}$。两相短路发热等值时间 $t_{dz}^{(2)} = t_z^{(2)} + t_{fz}^{(2)}$。

【例 5-2】 校验某发电厂铝母线的热稳定性。已知：母线截面 $S=50\text{mm}\times6\text{mm}$，流过母线的最大短路电流 $I''^{(3)}=25\text{kA}$，$I_{\infty}^{(3)}=14\text{kA}$，$I_{\infty}^{(2)}=19\text{kA}$。继电保护动作时间 $t_b=1.25\text{s}$，断路器全分闸时间 $t_f=0.25\text{s}$。母线短路时的起始温度 $\theta_q=60℃$。

解： 因为 $I_{\infty}^{(2)}>I_{\infty}^{(3)}$，所以要比较两相短路的发热。

短路计算时间

$$t=t_b+t_f=1.25+0.25=1.5\ (\text{s})>1\ (\text{s})$$

故不考虑短路电流非周期分量的发热，即不计算 t_{fz}，只计算 t_z，$t_{dz}=t_z$。

计算 $t_z^{(3)}$ 和 $t_z^{(2)}$

$$\beta''^{(3)}=\frac{I''^{(3)}}{I_{\infty}^{(3)}}=\frac{25}{14}=1.79$$

根据 $t=1.5\text{s}$ 和 $\beta''^{(3)}=1.79$，在图 5-3 所示的曲线上查得 $t_z^{(3)}=1.82\ (\text{s})$

$$\beta''^{(2)}=\frac{I''^{(2)}}{I_{\infty}^{(2)}}=\frac{0.866I''^{(3)}}{I_{\infty}^{(2)}}=\frac{0.866\times25}{19}=1.14$$

据 $t=1.5\text{s}$ 和 $\beta''^{(2)}=1.14$，在图 5-3 所示的曲线上查得

$$t_z^{(2)}=1.3\ (\text{s})$$

三相短路时的热脉冲为

$$I_{\infty}^{(3)^2}t_z^{(3)}=14^2\times1.82=356.7\ [(\text{kA})^2\cdot\text{s}]$$

两相短路时的热脉冲为

$$I_{\infty}^{(2)^2}t_z^{(2)}=19^2\times1.3=469.3\ [(\text{kA})^2\cdot\text{s}]$$

因此，两相短路发热大于三相短路发热，应按两相短路进行校验。

(1) 用允许温度法校验：由 $\theta_q=60℃$，在 $\theta=f\ (A)$ 曲线上查出 $A_q=0.43\times10^{16}\text{J}/(\Omega\cdot\text{m}^4)$。

$$A_d=\frac{I_{\infty}^{(2)^2}t_z^{(2)}}{S^2}+A_q=\frac{(19\times10^3)^2\times1.3}{(50\times6\times10^{-6})^2}+0.43\times10^{16}$$

$$=0.52\times10^{16}+0.43\times10^{16}=0.95\times10^{16}\ [\text{J}/(\Omega\cdot\text{m}^4)]$$

查 $\theta=f\ (A)$ 曲线得 $\theta_d=138℃$，铝母线短路时的发热允许温度 $\theta_{dy}=200℃$，所以 $\theta_d<\theta_{dy}$，满足热稳定性。

(2) 用最小截面法校验：母线的工作温度 $\theta_q=60℃$，由表 5-5 查得热稳定系数 $C=91\times10^6$。

母线最小截面为

$$S_{zx}=\frac{I_{\infty}^{(2)}}{C}\sqrt{t_{dz}^{(2)}K_j}=\frac{19\times10^3}{91\times10^6}\times\sqrt{1.3\times1}$$

$$=0.238\times10^{-3}(\text{m}^2)=238\ (\text{mm}^2)$$

因此，$S=50\times6\ (\text{mm}^2)>S_{zx}=238\ (\text{mm}^2)$，满足热稳定性。

第四节 导体短路时的电动力计算

众所周知，通过导体的电流产生磁场，因此，载流导体之间会受到电动力的作用。正常工作情况下，导体通过的电流较小，因而电动力也不大，不会影响电气设备的正常工

作。短路时，通过导体冲击电流产生的电动力可达很大的数值，导体和电器可能因此而产生变形或损坏。闸刀式隔离开关可能自动断开而产生误动作，造成严重事故。开关电器触头压力明显减小，可能造成触头熔化或熔焊，影响触头的正常工作或引起重大事故。因此，必须计算电动力，以便正确地选择和校验电气设备，保证有足够的电动力稳定性，使配电装置可靠地工作。

一、两平行圆导体间的电动力

图 5-5 所示为长度为 L 的两根平行圆导体，分别通过电流 i_1 和 i_2，并且 $i_1=i_2$。两导体的中心距离为 a，直径为 d。当导体的截面或直径 d 比 a 小得多以及 a 比导体长度 L 小得很多时，可认为导体中的电流 i_1 和 i_2 集中在各自的几何轴线上流过。

两导体间的电动力可根据比奥-沙瓦定律计算。计算导体 2 所受的电动力时，可以认为导体 2 处在导体 1 所产生的磁场中，其磁感应强度用 B_1 表示，B_1 的方向与导体 2 垂直，其大小为

$$B_1=\mu_0 H_1=4\pi\times10^{-7}\frac{i_1}{2\pi a}=2\times10^{-7}\frac{i_1}{a}\quad(\mathrm{T})\tag{5-22}$$

式中 H_1——导体 1 中的电流 i_1 所产生的磁场在导体 2 处的磁场强度；

μ_0——空气的磁导率。

在长度 $\mathrm{d}x$ 一段导体上所受的电动力为

$$\mathrm{d}F_2=i_2B_1\mathrm{d}x=2\times10^{-7}\frac{i_1i_2}{a}\mathrm{d}x$$

导体 2 全长 L 上所受的电动力为

$$F_2=\int_0^L 2\times10^{-7}\frac{i_1i_2}{a}\mathrm{d}x=2\times10^{-7}\frac{i_1i_2}{a}L\quad(\mathrm{N})\tag{5-23}$$

其中，i_1、i_2 的单位为 A；a、L 的单位为 m。

同样，计算导体 1 所受的电动力时，可认为导体 1 处在导体 2 所产生的磁场中，显然导体 1 所受到的电动力与导体 2 相等。

由式（5-23）可见，两平行圆导体间的电动力大小与两导体通过的电流和导体的长度成正比，与导体间中心距离成反比。

平行的管形导体间的电动力可以应用式（5-23）计算。

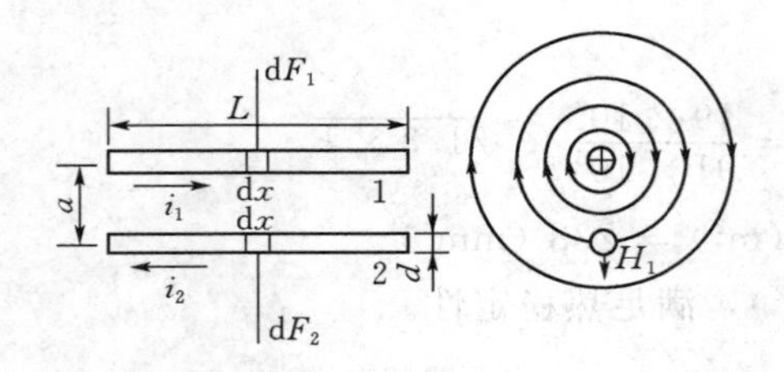

图 5-5　两平行圆导体间的电动力

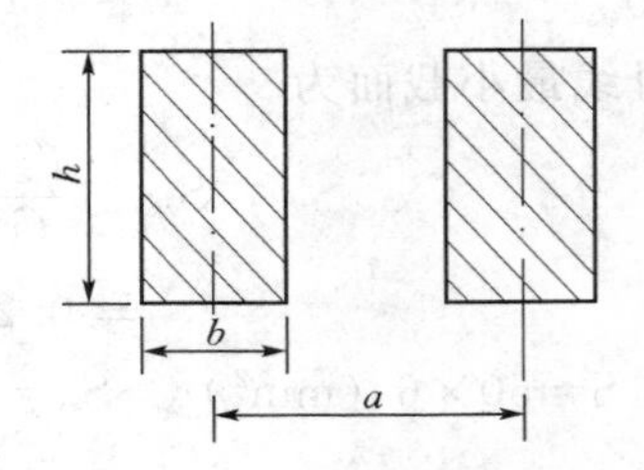

图 5-6　两平行矩形截面导体

二、两平行矩形截面导体间的电动力

图 5-6 所示为两条平行矩形截面导体，其宽度为 h，厚度为 b，长度为 l，两导体中心的距离为 a，通过的电流为 i_1 和 i_2。当 b 与 a 相比不能忽略或两导体之间布置比较近

时，不能认为导体中的电流集中在几何轴线流过，因此，应用式（5－23）求这种导体间的电动力将引起较大的误差。实际应用中，在式（5－23）里引入一个截面形状系数，以计及截面对导体间电动力的影响，即得出两平行矩形截面导体间电动力的计算公式为

$$F = 2\times 10^{-7}\frac{L}{a}i_1 i_2 K_x \qquad (5-24)$$

式中　K_x——截面形状系数。

截面形状系数的计算比较复杂，对于常用的矩形母线截面形状系数，已绘制成了曲线，如图 5－7 所示，供设计时使用。从图中可见，K_x 与导体截面尺寸及相互距离有关，当$\frac{a-b}{b+h}>2$ 时，$K_x\approx 1$，可不计截面形状对电动力的影响。

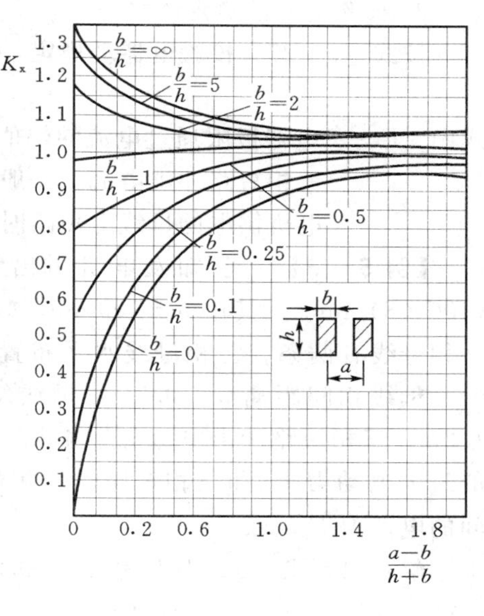

图 5－7　母线截面形状系数曲线

三、三相母线短路时的电动力

三相母线布置在同一平面中，是实际中经常采用的一种布置形式，如图 5－8 所示。母线分别通过三相正弦交流电流 i_A、i_B、i_C，在同一时刻，各相电流是不相同的。发生对称三相短路时，作用于每相母线上的电动力大小是由该相母线的电流与其他两相电流的相互作用力所决定的。在校验母线动稳定时，用可能出现的最大电动力作为校验的依据。经过证明，B 相所受的电动力最大，比 A 相、C 相大 7%。由于电动力的最大瞬时值与短路冲击电流有关，故最大电动力用冲击电流来表示，则 B 相所受到的电动力为

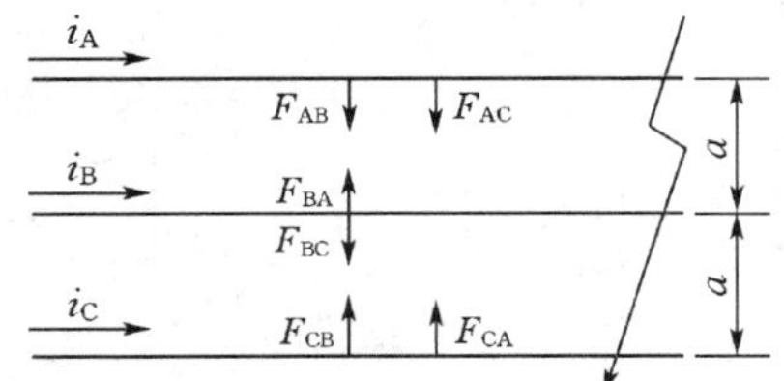

图 5－8　对称三相短路电动力

$$F_{zd} = 1.73\times 10^{-7}\frac{L}{a}i_{ch}^2 \ (\mathrm{N}) \qquad (5-25)$$

式中　F_{zd}——三相短路时的最大电动力，N；

L——母线绝缘子跨距，m；

a——相间距离，m；

i_{ch}——三相短路冲击电流，A。

在同一地点两相短路时最大电动力比三相短路小，所以，采用三相短路来校验其动稳定。

四、校验电气设备动稳定的方法

动稳定是指电动力稳定，就是电气设备随短路电流引起的机械效应的能力。

1. 校验母线动稳定的方法

按式（5－26）校验母线动稳定，即

$$\sigma_y \geqslant \sigma_{zd} \ (\mathrm{Pa}) \qquad (5-26)$$

式中　σ_y——母线材料的允许应力，Pa；

σ_{zd}——母线最大计算应力，Pa。

2. 校验电器动稳定的方法

按式（5－27）校验电器动稳定，即

$$i_j \geqslant i_{ch} \quad (kA) \tag{5-27}$$

式中 i_j——电器极限通过电流的幅值，从电器技术数据表中查得；

i_{ch}——三相短路冲击电流，一般高压电路中短路时，$i_{ch}=2.55I''$，直接由大容量发电机供电的母线上短路时，$i_{ch}=2.7I''$。

【例 5－3】 已知发电机引出线截面 $S=2\times(100\times8)\ \mathrm{mm}^2$，其中 $h=100\mathrm{mm}$，$b=8\mathrm{mm}$，2 表示一相母线有两条。三相母线水平布置平放（见图 5－9）。母线相间距离 $a=0.7\mathrm{m}$，母线绝缘子跨距 $L=1.2\mathrm{m}$。三相短路冲击电流 $i_{ch}=46\mathrm{kA}$。求三相短路时的最大电动力 F_{zd} 和三相短路时一相母线中两条母线间的电动力 F_i。

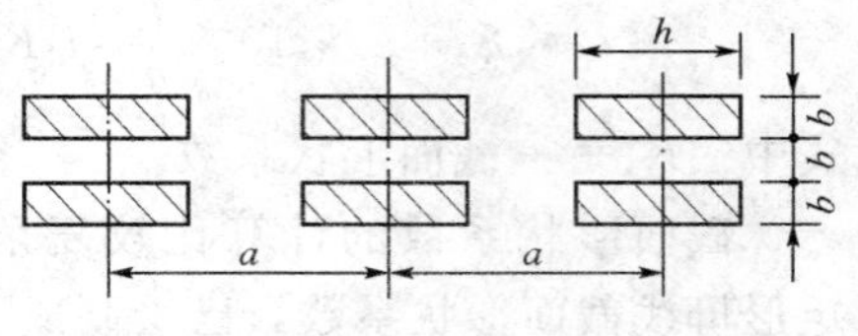

图 5－9　三相母线的放置

解：（1）求 F_{zd}。根据式（5－25），母线三相短路时所受的最大电动力为

$$F_{zd}=1.73\times10^{-7}\frac{L}{a}i_{ch}^2=1.73\times10^{-7}\times\frac{1.2}{0.7}\times(46\times10^3)^2=627.6\quad(\mathrm{N})$$

（2）求 F_i。根据式（5－24）得

$$F_i=2\times10^{-7}\frac{L}{a}i_1i_2K_x$$

式中 $a=2b=2\times8\times10^{-3}$（m），由于两条矩形母线的截面积相等，通过相同的电流，所以式中

$$i_1=i_2=\frac{1}{2}i_{ch}=\frac{1}{2}\times46\times10^3=23\times10^3\quad(\mathrm{A})$$

式中母线长度 L 等于绝缘子跨距 L，故 $L=1.2\mathrm{m}$。

根据

$$\frac{b}{h}=\frac{8}{100}=0.08$$

$$\frac{a-b}{b+h}=\frac{2b-b}{b+h}=\frac{b}{b+h}=\frac{8}{8+100}=0.07$$

从图 5－7 中查得 $K_x=0.38$，所以

$$F_i=2\times10^{-7}\times\frac{1.2}{2\times8\times10^{-3}}\times(23\times10^3)^2\times0.38=3015\quad(\mathrm{N})$$

思　考　题

1. 电气设备放热的主要原因是什么？

2. 发热对电气设备有何影响？

3. 导体起始电流下的热平衡方程式与稳定时的热平衡方程式有何区别？

4. 导体长期工作发热和短时发热的特点是什么？为什么要对电气设备进行发热计算？

5. 裸铝和裸铜母线的长期发热允许温度和允许温升各是多少？短路时发热允许温度

和允许温升各是多少？

6. 导体的载流量由哪些参数决定？

7. 载流导体短路发热等值时间是如何确定的？

8. 三相短路时哪一相电动力为最大？表达式是什么？比其他相大多少？

9. 导体的稳定温升与什么有关？与什么无关？

10. 导体发热过程进行的快慢与什么有关？与什么无关？

第六章　电 气 设 备 选 择

第一节　电气设备选择的一般条件

电力系统中的各种电气设备，其运行条件不完全一样，选择方法也不完全相同，但对它们的基本要求是相同的。电气设备要能可靠地工作，必须按正常运行条件进行选择，并且按短路条件校验其热稳定和动稳定。

一、按正常运行条件选择电气设备

正常运行条件是指电气设备的额定电压和额定电流。

1. 按额定电压选择

电气设备的额定电压就是铭牌上标出的线电压。此外，电气设备还有最大工作电压，即电气设备长期运行所允许的最大电压，其值等于其额定电压 U_e 的 1.1～1.15 倍。选择时，必须使电气设备的额定电压 U_e 不小于设备安装处的电网额定电压 U_w，即

$$U_e \geqslant U_w \tag{6-1}$$

实际上，运行中的电网电压总是有波动的，而且各点电压也不相同，电源侧电网的最高电压，按规定可以比电网的额定电压高 5%。此值未超过电气设备的最大工作电压。因此，电气设备在此电压下运行是安全可靠的。

电气设备安装地点的海拔对绝缘介质强度有影响。当设备安装地点的海拔超过基准海拔（110kV 及以下的设备为 1000m，154kV 及以上的设备为 500m）时，由于随着海拔的增高，空气密度和湿度相对地减少，使空气间隙和外绝缘的放电特性下降，设备外绝缘强度将随海拔的升高而降低，导致设备最大工作电压下降。对此，必须修正最大工作电压。修正的方法是：海拔在 1000～4000m 时，按海拔每增 100m，电压应降低 1%考虑。对于现有 110kV 及以下的设备，因为多数的外绝缘留有一定裕度，故可用于海拔 2000m 以下的地区。我国除高原地区以外，大部分地区的海拔在 2000m 以下。

2. 按额定电流选择

电气设备的额定电流是指在一定周围环境温度下，长时间内电气设备所能允许通过的电流。因此，选择电气设备时应满足条件

$$I_e \geqslant I_{g\cdot zd} \tag{6-2}$$

式中　I_e——电气设备的额定电流，由制造厂提供；

$I_{g\cdot zd}$——电路中最大长期工作电流。

电气设备使用在不同的回路中，其最大长期工作电流可按表 6-1 计算。当周围环境温度 θ 和电气设备额定环境温度 θ_0 不等时，其长期允许电流 $I_{e\theta}$ 可按式（6-3）修正，即

$$I_{e\theta} = I_e\sqrt{\frac{\theta_y - \theta}{\theta_y - \theta_0}} = K_\theta I_e \tag{6-3}$$

式中　K_θ——修正系数；

θ_y——电气设备正常发热允许最高温度。

我国目前生产的电气设备的额定环境温度$\theta_0=40$℃，如周围环境温度高于+40℃（但≤60℃）时，其允许电流一般可按每增高1℃，额定电流减少1.8%进行修正，当环境温度低于40℃时，环境温度每降低1℃，额定电流可增加0.5%，但增加值最多不得超过额定电流的20%。

表6-1 最大长期工作电流的计算

回路名称	计算工作电流	备注
发电机或同步调相机	$I_{g\cdot zd}=1.05I_e=\dfrac{1.05P_e}{\sqrt{3}U_e\cos\varphi_e}$	当发电机冷却气体温度低于额定值时，允许每降低1℃，电流可增加0.5%，必要时应按此计算$I_{g\cdot zd}$
三相变压器	$I_{g\cdot zd}=1.05I_e=\dfrac{1.05S_e}{\sqrt{3}U_e}$	（1）带负载调压变压器应按可能的最低电压计算； （2）当变压器允许过负荷时，必要时应按过负荷计算
母线分段断路器或母线联络断路器	$I_{g\cdot zd}$一般为该母线上最大一台发电机或一组变压器的计算工作电流	
母线分段电抗器	$I_{g\cdot zd}$按该母线上事故切除最大一台发电机时，可能通过电抗器的计算电流。一般取该发电机50%～80%I_e	
主母线	按潮流分布情况计算	
馈电回路	$I_{g\cdot zd}=\dfrac{P}{\sqrt{3}U_e\cos\varphi_e}$	（1）P应包括线路损耗和事故时转移过来的负荷； （2）当回路中装有电抗器时，$I_{g\cdot zd}$按电抗器I_e计算
电动机回路	$I_{g\cdot zd}=\dfrac{P_e}{\sqrt{3}U_e\cos\varphi_e\eta_e}$	

注 1. I_e、U_e、P_e等均指设备本身的额定值。
2. 各标量的单位：I—A；U—kV；P—kW；S—kVA。

我国生产的裸导体的额定环境温度θ_0为+25℃，如装置地点环境温度在−5～+50℃内变化时，导体允许通过的电流可按式（6-3）修正。此外，当海拔上升时，日照强度相应增加，故屋外载流导体如计及日照影响时，应按海拔和温度综合修正系数对载流量进行修正。

二、按短路条件校验电气设备的热稳定和动稳定

校验电气设备的热稳定和动稳定方法见本书第五章。下列几种情况可不校验热稳定或动稳定：①用熔断器保护的电器，其热稳定由熔断时间保证，故可不验算热稳定；②采用有限流电阻的熔断器保护的设备可不校验动稳定，电缆因有足够的强度，亦可不校验动稳定；③装设在电压互感器回路中的裸导体和电器可不验算动稳定和热稳定。

具体校验时，必须选用通过设备的最大可能的短路电流，所以计算短路电流时，电力系统应处于最大运行方式和考虑到变电站计划发展的最终容量，并要合理地确定短路计算

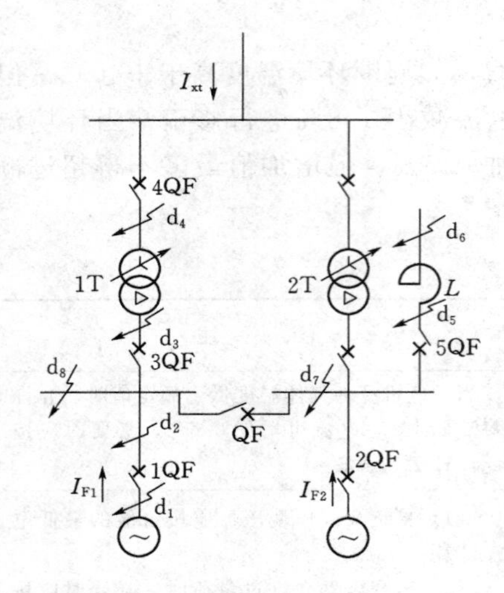

图 6-1 短路计算点的确定

点和正确地估算短路时间。

1. 短路计算点的确定

短路计算点就是在电气主接线图上选择电气设备通过最大短路电流情况下的短路地点。以图 6-1 所示为例说明短路计算点的确定方法。

选择发电机断路器 1QF 时，可初选 d_1 和 d_2 两个短路点进行比较。d_2 点短路时，流过 1QF 的短路电流只是一台发电机的短路电流 I_{F1}，而当 d_1 点短路时，流过 1QF 的电流为一台发电机和系统供给的短路电流 $I_{F2}+I_{xt}$，若两台发电机容量相同，则 d_1 点短路比 d_2 点短路过 1QF 短路电流为大，应选择 d_1 点作为短路计算点。

选择变压器低压侧断路器 3QF 时，假定 4QF 断开，短路点应选在 d_3，流过 3QF 的电流为两台发电机和系统供给的短路电流 $I_{F1}+I_{F2}+I_{xt}$，该电流为最大，所以，选择 d_3 点为短路计算点。

选择发电机电压母线引出线上断路器 5QF 时，由于该线路有电抗器 L，所以，可初选 d_5 和 d_6 两个短路点进行比较。d_5 点短路时，流过 5QF 的短路电流是 $I_{F1}+I_{F2}+I_{xt}$；d_6 点短路时，流过 5QF 的短路电流由于受到电抗器 L 的限制，比流过 d_5 点的短路电流小。按理应选 d_5 点作为短路计算点，但在实际运行中证明，电抗器工作可靠性高，L 与 5QF 之间的连接导线很短，发生短路的可能性很小，短路多发生在电抗器线路一侧。因此，选择 5QF 时，把短路计算点选在 d_6，断路器不仅有足够的可靠性，而且又可节省对它的投资。

同样，选择 4QF、QF 和母线时，短路计算点可分别选为 d_4、d_7 和 d_8。

2. 短路计算时间

选择电气设备时，除了选择短路计算点和考虑短路种类外，还必须正确估计短路的计算时间。按短路条件校验电气设备时所用的短路计算时间 t，一般采用主保护的动作时间 t_b 加上相应的断路器全分闸时间 t_f，即

$$t = t_b + t_f \tag{6-4}$$

主保护的动作时间一般为 0.05～0.06s。若主保护有死区，则 t_b 采用后备保护的动作时间，并使用相应处的短路电流值。

全分闸时间 t_f 包括断路器固有分闸时间 t_g 和电弧持续时间 t_{hu}。t_g 可在产品样本中查到，一般在 0.035～0.16s 之间；t_{hu} 在 0.02～0.045s 之间（少油与多油断路器）。

第二节 母线及电力电缆的选择

一、母线的选择

变电站屋内和屋外配电装置的主母线、变压器等电气设备与配电装置母线之间的连接导线、各种电器之间的连接导线，统称为母线。

选择配电装置中的母线主要考虑：母线的材料；母线截面形状；母线截面积的大小；校验母线的热稳定和动稳定；对 110kV 以上的母线还应校验是否发生电晕。

（一）母线材料的选择

配电装置的母线材料有铜、铝和钢。铜的电阻率低，机械强度大，抗腐蚀性强，是很好的母线材料。但它在工业上有重要的用途，而且储量不多，价值较贵，因此铜母线只用在空气中含腐蚀性气体（如靠近海岸或化工厂）的屋外配电装置中。铝的电阻率为铜的 1.7～2 倍，重量只有铜的 30%，而且储量多，价值也低，因此，在屋内和屋外配电装置中广泛采用铝母线。但当铝与铜或其他金属连接时，由于铝在常温下迅速氧化，生成一层氧化铝薄膜，它的电阻很大（电阻率达 $10^{10}\Omega \cdot m$），而且不容易清除。同时铜铝之间有电位差，使铝受到严重腐蚀，接触电阻更大，造成运行中温度增高，高温下腐蚀会加快，这样的恶性循环致使接触处温度更高。解决这个问题的方法，一般采用特制的铜铝过渡连接器（由铜板和铝板焊成的部件），但其效果不太理想。因此，人们又研究出一个新的方法，即利用超声波搪锡工艺，将铝和铜的接触表面挂上一层薄锡，效果很好，成功地解决铜铝电化学腐蚀问题。

钢电阻率为铜的 6～8 倍，而且用在交流电路中还会产生很大的涡流损耗和磁滞损耗，因此，在实际应用中使用得较少。但钢母线价格低、机械强度高，故在变电站中，可适用于电压互感器和小容量变压器的高压侧。

（二）母线截面形状的选择

母线的截面形状应保证集肤效应系数尽可能低，散热良好，机械强度高，安装简单，连接方便。变电站配电装置中的母线截面目前多采用矩形、圆形和绞线圆形，如图 6－2 所示。

1. 矩形截面母线

矩形母线主要用在 35kV 及以下的屋内配电装置中。其原因是：同样截面的矩形母线周长比圆形母线的周长要长，散热面积大，冷却条件好；其次，由于集肤效应的影响，矩形母线的电阻比圆形的小，因而在同一允许工作电流下，矩形母线截面积要比圆形母线的截面积小，用金属量少。所以，屋内配电装置中采用矩形截面母线比圆形截面母线优越。

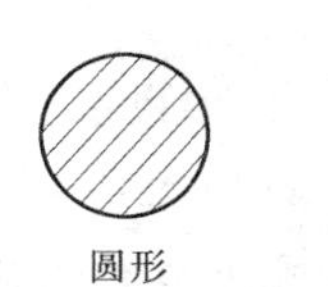

图 6－2 母线截面形状

为了增加散热面积，减少集肤效应的影响，并兼顾机械强度，母线的厚度 b 与宽度 h 之比一般是 1/12～1/5。为了避免集肤效应过大，单条母线的截面积不应大于 $1200mm^2$。如果工作电流超过单条母线最大截面的允许电流时，每相可采用两条或三条矩形母线固定在支持绝缘子上。每条之间的距离规定等于一条母线的厚度 b，以保证较好地散热。但每相条数增加时，散热条件变坏，增加了邻近效应和集肤效应的影响，其允许电流不能成正比地增加。例如，60mm×6mm 的单条竖放铝母线的允许持续电流为 870A，而两条竖放的允许持续电流只有 1350A。当每相有 3 条时，中间一条的电流约占总电流的 20%，两边的各占 40%。因此，不宜采用每相有 4 条以上的母线。

2. 圆形截面母线

圆形母线主要用在 35kV 以上的屋外配电装置中。采用圆形截面的目的是为了防止产

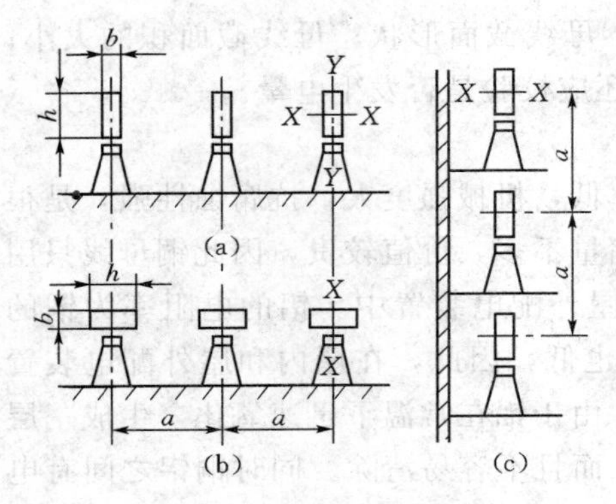

图 6-3 矩形母线的布置方式

(a)、(b) 水平布置；(c) 垂直布置

生电晕，因为圆形截面母线消除了电场集中的现象，而矩形截面母线的四角电场强度集中，易引起电晕。

3. 绞线圆形截面母线

绞线圆形截面母线多采用钢芯铝绞线，其耐张性能比单股母线好，在允许电流相同的条件下，钢芯铝绞线的直径比单股母线直径大，其表面附近的电场强度小于单股母线，而且绞线的芯线为钢，机械强度较大，因此，它通常用在35kV及以上的屋外配电装置中。

截面形状不对称母线的散热和机械强度与母线的布置方式有关。图6-3所示为矩形母线的布置方式，当三相母线水平布置时，图6-3（a）与图6-3（b）相比，前者散热较好，载流量大，但机械强度低，而后者则相反。图6-3（c）所示的布置方式兼顾了图6-3（a）和图6-3（b）的优点，但配电装置高度有所增加，因此，母线的布置方式应根据载流量的大小、短路水平和配电装置的具体情况确定。

（三）母线截面积的选择

1. 按最大长期工作电流选择母线截面

各种电压等级的配电装置中，主母线和引下线以及临时装设的母线，一般均按最大长期工作电流选择截面。因此，必须满足在正常运行中，通过母线的最大长期工作电流不应大于母线长期允许电流，即

$$K_{\theta} I_{y} \geqslant I_{g \cdot zd} \text{ (A)} \tag{6-5}$$

式中 I_y——相应于某一母线布置方式（见图6-3）和环境温度为+25℃时的母线长期允许电流，可由母线载流量表查出，A；

K_{θ}——温度修正系数，$K_{\theta}=\sqrt{\theta_y-\theta}/\sqrt{\theta_y-\theta_0}$，其中 $\theta_0=25$℃，θ_y 为母线的长期允许温度，用螺栓连接时，$\theta_y=70$℃；用超声波搪锡连接时；$\theta_y=85$℃；

$I_{g \cdot zd}$——通过母线的最大长期工作电流，按表6-1计算。

2. 按经济电流密度选择母线截面

对于长度在20m以上的输送容量很大的回路母线，如主变压器回路的母线，为降低年运行费，须按经济电流密度选择。

当负荷电流通过导体时，将产生电能损耗。此电能损耗与负荷电流的大小、母线截面（或母线电阻）有关。载流导体的年运行费主要由电能损耗费、设备维修费和折旧费组成。导线截面越大，电能损耗费越小，而相应的修理费、折旧费则要增加。当导体具有某一截面时，年运行费为最低，与此相应的截面称为经济截面。

对应于经济截面的电流密度，称为经济电流密度。为了按经济条件选择母线或导线截面，我国规定了母线和裸导体的经济电流密度值，见表6-2。

按经济电流密度选择母线截面，首先应计算经济截面，即

$$S_j=\frac{I_{g \cdot zd}}{J} \tag{6-6}$$

式中　S_j——经济截面，m^2；

J——经济电流密度，A/m^2；

$I_{g\cdot zd}$——正常工作情况下电路中的最大长期工作电流，A。

表 6-2　　经济电流密度　　单位：A/m^2

导线材料	最大负荷利用小时数（h/a）			导线材料	最大负荷利用小时数（h/a）		
	3000 以下	3000～5000	5000 以上		3000 以下	3000～5000	5000 以上
铝母线和裸导线	1.65×10^6	1.15×10^6	0.9×10^6	铝芯电缆	1.92×10^6	1.73×10^6	1.54×10^6
铜母线和裸导线	3.0×10^6	2.25×10^6	1.75×10^6	铜芯电缆	2.5×10^6	2.25×10^6	2.0×10^6

计算 S_j 以后，按此选择母线标准截面 S，使其尽量接近经济截面 S_j。若无合适的标准截面，允许略小于 S_j。

必须指出，按经济电流密度选择的母线截面，还须按正常工作的最大长期工作电流校验它的发热温度［即满足式（6-5）］，不过它一般总是大于按最大长期工作电流所选择的母线截面。

（四）校验母线热稳定

按上述条件选择的母线截面 S，还必须按短路条件校验其热稳定，其方法通常采用最小截面法，即所选的母线截面 S 应不小于按照热稳定条件决定的导体的最小允许截面，即

$$S \geqslant S_{zx} = \frac{I_{\infty}}{C}\sqrt{t_{dz}K_j} \tag{6-7}$$

式中　S——母线截面，m^2；

S_{zx}——最小允许截面，m^2；

I_{∞}——稳态短路电流，A；

C——母线材料的热稳定系数；

t_{dz}——短路发热的等值时间，s；

K_j——集肤效应系数，矩形铝母线截面在 $100mm^2$ 以下、矩形铜母线截面在 $60mm^2$ 以下、圆形铝与铜母线直径在 20mm 以下，$K_j=1$；截面超过以上各数值时，K_j 值可查设计手册。

（五）校验母线动稳定

短路冲击电流通过母线时，将产生电动力而使母线弯曲。所以，校验固定在支持绝缘子上的母线，应以母线受电动力而弯曲的情况进行应力计算。其材料应力若超过允许应力，母线遭到损坏。因此，按短路条件校验母线动稳定时，应对母线进行应力计算，并满足下列条件

$$\sigma_y \geqslant \sigma_{zd} \tag{6-8}$$

式中　σ_y——母线材料允许应力（硬铝为 69×10^6Pa，硬铜为 137×10^6Pa，钢为 157×10^6Pa），Pa；

σ_{zd}——母线最大计算应力，Pa。

各种形状的母线，它们受到机械力的作用虽有所不同，但计算方法是相似的。下面介

绍单条矩形母线、双条矩形母线和圆形母线的应力计算方法。

1. 单条矩形母线应力计算

母线材料最大计算应力为

$$\sigma_{zd}=\frac{M}{W} \tag{6-9}$$

式中 M——母线所受的最大弯矩，N·m；

W——截面系数（见表6-3），它是指母线对垂直于力作用方向的轴而言的抗弯矩，m^3。

表6-3 母线截面系数 W 和惯性半径 r_1

母线布置及其截面形状	W (m^3)	惯性半径 r_1 (m)
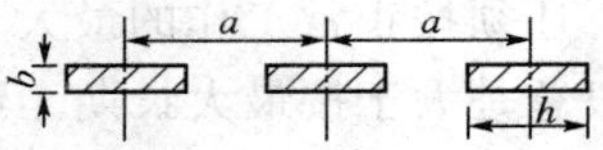 (图：三条单片母线平放，间距 a，厚 b，宽 h)	$0.167bh^2$	$0.289h$
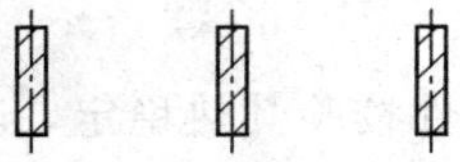 (图：三条单片母线竖放)	$0.167b^2h$	$0.289b$
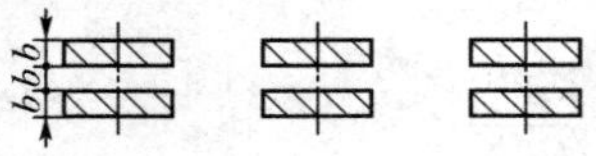 (图：三组双片母线平放，间隙 b)	$0.333bh^2$	$0.289h$
 (图：三组双片母线竖放)	$1.44b^2h$	$1.04b$
 (图：三条圆形母线，直径 d)	$0.1d^3$	$0.25d$

假定母线为一多跨距的梁，自由放在母线支柱上，受均匀负荷的作用。根据力学公式，母线在电动力作用下，所受的最大弯矩为

$$M=\frac{FL}{10} \tag{6-10}$$

式中 F——母线所受的电动力，N；

L——支柱绝缘子间的跨距，m。

将式（6-10）代入式（6-9）得

$$\sigma_{zd}=\frac{FL}{10W} \tag{6-11}$$

在实际设计中，可以根据母线材料的允许应力 σ_y 确定最大允许跨距 $L_{y\cdot zd}$，使计算简单。由式（6-11）可推导出

$$L_{y\cdot zd}=\sqrt{\frac{10W\sigma_y}{f}} \tag{6-12}$$

式中 $L_{y \cdot zd}$——母线最大允许跨距，m；

f——母线单位长度上所受的电动力，$f=\frac{F}{L}=1.73\times10^{-7}\frac{1}{a}i_{ch}^2$，N/m。

只要选择的跨距 $L<L_{y \cdot zd}$，就能满足母线动稳定的要求。但是，如果 $L_{y \cdot zd}$ 较大时，为防止水平放置的母线因自重而过分弯曲，选取跨距时不得超过 1.5～2m。10kV 配电装置中的母线跨距一般取配电间隔，即 1.2m。

如果校验结果 $\sigma_y<\sigma_{zd}$，则说明选择的母线不满足动稳定要求，应减小母线应力，其办法有：采取限制短路电流的措施；增大相间距离；增大母线截面；减小绝缘子跨距。其中以减小跨距最为有效。

2. 双条矩形母线的应力计算

对每相由双条母线组成的母线组，其最大计算应力是由相间作用应力和同相条间作用应力组成，即

$$\dot{\sigma}_{zd}=\dot{\sigma}_x+\dot{\sigma}_t \quad 或 \quad \sigma_{zd}=\sqrt{\sigma_x^2+\sigma_t^2} \tag{6-13}$$

式中 σ_x——相间应力，Pa；

σ_t——同相条间应力，Pa。

（1）σ_x 的计算：相间应力 σ_x 的计算公式与单条矩形母线相同。截面系数 W_x 见表 6-3。

（2）σ_t 的计算：由于母线条间的距离很近，σ_t 通常很大，为了减少 σ_t，在同相各条母线之间每隔 30～50cm 敷设一个衬垫，如图 6-4 所示。衬垫数量取决于母线机械应力的计算，衬垫不宜过多，因为多设将使母线散热不良，多消耗金属材料，使安装复杂。

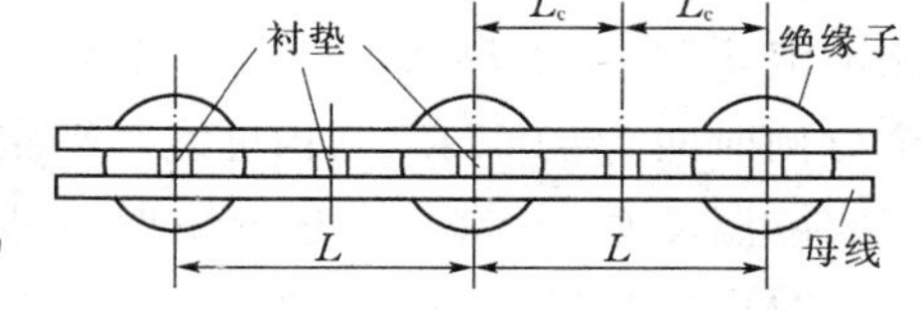

图 6-4 装有衬垫的双条母线

同相条间应力为

$$\sigma_t=\frac{M_t}{W_t} \tag{6-14}$$

式中 M_t——同相条间弯矩，N·m；

W_t——同相条间截面系数，m^3。

对于双条母线，竖放时，为 $W_t=\frac{1}{6}b^2h$；平放时，$W_t=\frac{1}{2}bh^2$。

假设母线条间电动力为 F_t，衬垫间的跨距为 L_c，母线条间所受的弯矩，按两端固定的均匀荷载计算，即

$$M_t=\frac{F_tL_c}{12}=\frac{f_tL_c^2}{12} \tag{6-15}$$

则

$$\sigma_t=\frac{f_tL_c^2}{12W_t} \tag{6-16}$$

式中 f_t——单位长度上同相两条母线间的电动力，$f_t=2.5\times10^{-8}\frac{1}{b}i_{ch}^2K_x$，其中，$K_x$ 为母线截面形状系数，N/m；

L_c——衬垫间的跨距，$L_c=0.3\sim0.5$mm；

W_t——同相条间截面系数，m^3。

在 F_t 的计算中，同相两条母线中的电流认为在两条中平均分配，每条中的电流为 $0.5i_{ch}$。

(3) 最大允许的衬垫跨距：设计中为了简化计算，通常根据允许应力 σ_y 来决定最大允许的衬垫跨距 $L_{c\cdot zd}$，根据

$$\dot{\sigma}_{ty} = \dot{\sigma}_y - \dot{\sigma}_x \tag{6-17}$$

由式（6-16）可得

$$L_{c\cdot zd} = \sqrt{\frac{12W_t\sqrt{\sigma_y^2 - \sigma_x^2}}{f_t}} \tag{6-18}$$

式中：$\sqrt{\sigma_y^2-\sigma_x^2}=\sigma_{ty}$ 为相条间允许应力。如果实际选取的 $L_c<L_{c\cdot zd}$，则母线就能满足动稳定的要求。

为了防止同相各条矩形母线，在相条间作用力下产生弯曲而互相接触，母线衬垫跨距 L_c 还必须小于临界跨距 L_l（即当均匀荷载作用于其上时，母线条开始相碰时的跨距），即

$$L_c \leqslant L_l = \lambda b^4\sqrt{\frac{b}{f_t}} \tag{6-19}$$

式中 λ——系数，双条铝 $\lambda=1003$，双条铜 $\lambda=1144$。

3. 圆形母线应力计算

圆形母线应力计算与矩形母线相同，只是截面系数不一样，其中 $W=0.1d^3$，d 为母线直径。

【例 6-1】 某 10kV 配电装置主母线长期最大负荷电流为 280A，流过母线的最大短路电流 $I''^{(3)}=13.5$kA，$I_\infty^{(3)}=10$kA，$I_\infty^{(2)}=5$kA。继电保护动作时间 $t_b=1.5$s，断路器的全分闸时间 $t_f=0.1$s。三相母线水平布置平放，相间距离 $a=0.5$m，跨距 $L=1$m，周围空气实际温度 $\theta=40$℃，试选择矩形铝母线。

解：(1) 根据题意，按最大长期工作电流选择母线截面。

根据 $I_{g\cdot zd}=280$A，母线平放和母线计算环境温度 $\theta_0=25$℃，查母线载流量表，选择 30mm×4mm 的铝母线，$I_y=347$A，温度修正系数为

$$K_\theta = \sqrt{\frac{\theta_y-\theta}{\theta_y-\theta_0}} = \sqrt{\frac{70-40}{70-25}} = 0.82$$

则实际环境温度为 40℃时的母线允许电流

$$K_\theta I_y = 0.82\times 347 = 285(\text{A}) > 280\ \text{A}$$

满足长期工作时的发热条件。

(2) 校验母线短路时的热稳定。

短路时间 $t=t_b+t_f=1.5+0.1=1.6\text{s}>1\text{s}$，故不考虑短路电流非周期分量的影响。因 $I_\infty^{(3)}>I_\infty^{(2)}$，则按三相短路校验热稳定为

$$\beta' = \frac{I''}{I_\infty} = \frac{13.5}{10} = 1.35$$

从短路电流周期分量等值时间曲线查得周期分量等值时间 $t_z=1.43$s。

母线正常运行时的最高温度为

$$\theta_c = \theta + (\theta_y - \theta)\left(\frac{I_{g \cdot zd}}{I_{y\theta}}\right)^2 = 40 + (70 - 40) \times \left(\frac{280}{285}\right)^2 = 69\ (℃)$$

查得，$C=87\times10^6$。按热稳定条件所需的最小母线截面为

$$S_{zx} = \frac{I_\infty}{C}\sqrt{t_{dz}K_j} = \frac{10\times10^3}{87\times10^6}\times\sqrt{1.43\times1}$$

$$=0.137\times10^{-3}(m^2) = 137(mm^2) > 30mm\times4mm$$

故不满足热稳定要求。重选 40mm×4mm 的铝母线，进行动稳定核验。

4. 校验母线短路时的动稳定

短路冲击电流

$$i_{ch} = 2.55I'' = 2.55\times13.5 = 34.4\ (kA)$$

母线所受的电动力

$$F = 1.73\times10^{-7}\frac{L}{a}i_{ch}^2 = 1.73\times10^{-7}\times\frac{1}{0.5}\times(34.4\times10^3)^2 = 409.4\ (N)$$

母线所受的最大弯矩

$$M = \frac{FL}{10} = \frac{409.4\times1}{10} = 40.94\ (N\cdot m)$$

截面系数

$$W = \frac{bh^2}{6} = \frac{4\times10^{-3}\times(40\times10^{-3})^2}{6} = 1.067\times10^{-6}\ (m^3)$$

母线最大计算应力为

$$\sigma_{zd} = \frac{M}{W} = \frac{40.94}{1.067\times10^{-6}} = 38.4\times10^6\ (Pa)$$

此值小于铝母线的允许应力（69×10^6Pa），故满足动稳定要求。

二、电力电缆的选择

选择电力电缆的主要内容有电缆型号、电缆额定电压、电缆截面、校验电缆长期发热温度、短路时的热稳定、正常和故障情况下的电压损失。

（一）电缆型号的选择

根据电缆的用途、敷设的方法和场所，选择电缆的芯数、芯线材料、绝缘种类、保护层的结构以及电缆的其他特征，最后确定电缆型号。

电缆芯线材料一般采用铝。少数需要移动设备的线路、有剧烈振动场所的线路和重要的操作回路等，宜采用铜。

直埋电缆采用带护层的铠装电缆或铝包油浸纸绝缘电缆。敷设在电缆构筑物内的电缆，由于环境条件较好，可选用裸铠装电缆或铝包油浸纸绝缘电缆。环境温度在40℃及以下时，对于截面为3mm×10mm及以下的电缆宜采用绝缘合成材料电缆较为经济。

（二）按额定电压选择

一般电缆都能在超过其额定电压15%的情况下可靠地工作，而电气装置的最大工作电压不会超过其额定电压的5%～10%。所以，为了保证电力电缆的使用寿命，要求电力电缆的额定电压不小于其安装地点电网的额定电压，即

$$U_e \geqslant U_w \tag{6-20}$$

式中　U_e——电缆的额定电压；

U_w——电缆安装处电网的额定电压。

变电站采用的电力电缆额定电压等级有 1kV、3kV、6kV、10kV、20kV、35kV 和 66kV。

（三）电缆截面的选择

1. 按最大长期工作电流选择

在正常工作时，电缆的长期允许发热温度 θ_y，决定于电缆芯线的绝缘、电缆的电压和结构等。例如，橡皮绝缘电缆的 θ_y 为 80℃，10kV 油浸纸绝缘电缆为 60℃。如果电缆的长期发热温度超过 θ_y 时，电缆的绝缘强度将很快降低，可能引起芯线之间或芯线与金属外皮之间的绝缘击穿。

电缆的长期允许电流 I_y 就是根据电缆长期允许发热温度和周围介质的计算温度 θ_0（电缆敷设在土壤中时，$\theta_0=15$℃，敷设在空气中时，$\theta_0=25$℃）来决定的。要使电缆的发热温度不超过其长期允许发热温度 θ_y 时，必须满足下列条件

$$KI_y \geqslant I_{g \cdot zd} \tag{6-21}$$

式中　I_y——电缆允许电流；

$I_{g \cdot zd}$——电缆电路中长期通过的最大工作电流，按表 6-1 计算；

K——考虑电缆不同敷设条件的校正系数：

空气中敷设

$$K=K_t K_1$$

直接埋地敷设

$$K=K_t K_2 K_3$$

式中　K_t——周围环境的实际温度不同于计算环境温度时的温度校正系数；

K_1——电缆在空气中多根并列敷设时允许电流的校正系数；

K_2——土壤热阻系数不同于 80℃·cm/W 时允许电流的校正系数；

K_3——电缆在土壤中多根并列敷设时允许电流的校正系数。

变电站中的电缆多数都按此种方法选择截面。

2. 按经济电流密度选择

当发电机、变压器等回路的最大负荷利用小时数超过 5000h/a，且电缆长度超过 20m 时，应按经济电流密度选择电缆截面。具体方法见母线选择，而且还要按最大长期工作电流来校验长期发热温度。

按经济电流密度选出截面后，还应决定经济合理的电缆根数。一般情况下，电缆截面 $S<150\text{mm}^2$ 时，其经济根数为一条。当截面 $S>150\text{mm}^2$ 时，其经济根数可按 $S/150$ 决定，取其整数。若电缆截面 S 比一条 150mm^2 大，但又比两根 150mm^2 小时，通常宜采用两根 120mm^2 的电缆。

在变电所内，为了便于电缆的维护和更换，通常将电缆敷设在沟中或隧道中。敷设时为了不损伤绝缘和保护层，所有弯曲处的曲率半径不应少于一定值（如三芯纸绝缘电缆的曲率半径不应小于电缆外径的 15 倍）。为此，一般避免采用截面大于 185mm^2 的电缆。

（四）校验电缆短路时的热稳定

校验电缆热稳定方法与母线相同。选择的电缆截面 S 应满足

$$S \geqslant S_{zx} = \frac{I_{\infty}}{C}\sqrt{t_{dz}} \tag{6-22}$$

式中 C——与电缆材料及允许发热有关的热稳定系数（见表 6-4）。

表 6-4　　电缆热稳定系数 C

电缆长期工作允许温度（℃）	10kV 油浸纸绝缘电缆		6kV 油浸纸绝缘电缆及 10kV 不滴油电缆		交联聚乙烯电缆		聚氯乙烯绝缘电缆	
	铝芯	铜芯	铝芯	铜芯	铝芯	铜芯	铝芯	铜芯
60	95×10^6	165×10^6	—	—	—	—	—	—
65	—	—	90×10^6	150×10^6			65×10^6	100×10^6
90	—	—	—	—	80×10^6	135×10^6	—	—

（五）按正常和故障时电压损失来校验

对于供电距离较长的电动机线路、照明线路等应验算电压损失。

1．三相系统

选择的电缆截面 S 应满足

$$S \geqslant \frac{\sqrt{3} I_{g \cdot zd} \rho L \times 100}{U_e \Delta U\%} \quad (\mathrm{m}^2) \tag{6-23}$$

式中 $I_{g \cdot zd}$——线路最大长期工作电流，A；

U_e——线路额定电压，V；

L——电缆长度，m；

ρ——电缆线芯材料的电阻率，50℃时，铜为 $2.06\times10^{-8}\Omega\cdot\mathrm{m}$，铝为 $3.5\times10^{-8}\Omega\cdot\mathrm{m}$；

$\Delta U\%$——电压损失的百分数。正常工作时，取 $\Delta U\%=5$；故障时，取 $\Delta U\%=10$。

2．单相系统

选择的电缆截面 S 应满足

$$S \geqslant \frac{2 I_{g \cdot zd} \rho L \times 100}{U_e \Delta U\%} \quad (\mathrm{m}^2) \tag{6-24}$$

式（6-24）中的 $\Delta U\%$ 值与三相系统相同。

【例 6-2】 某农村变电站有 4 条 10kV 出线路（见图 6-5）。从出线断路器到架空线路之间用电力电缆连接，并列敷设在电缆沟内，长度为 16m，最大负荷利用小时为 4000h/a。线路 L_1 与 L_2 的最大负荷均为 1520kW，L_3 与 L_4 的最大负荷均小于 1520kW。负荷功率因数为 0.8，当地最热月平均最高温度为 30℃。电缆始端的短路电流为 $I''^{(3)}=3\mathrm{kA}$，$I_{\infty}^{(3)}=2\mathrm{kA}$，$I_{\infty}^{(3)}>I_{\infty}^{(2)}$。线路继电保护动作时间 $t_b=$

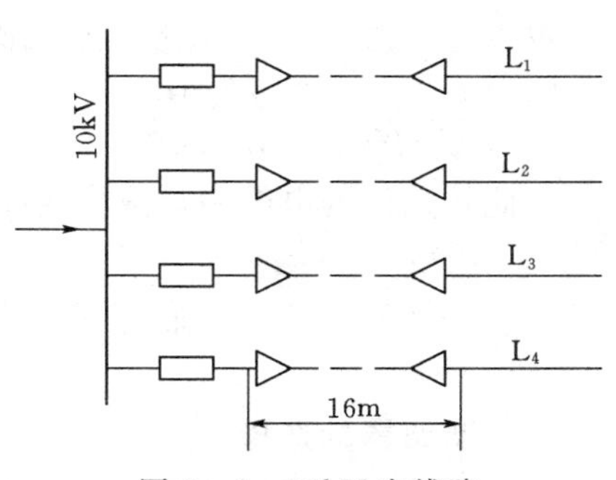

图 6-5　10kV 出线路

0.1s，断路器全分闸时间 $t_f=0.3s$。试选择线路 L_1 与 L_2 的电缆。

解：（1）选择电缆的额定电压与型号。

根据题意，选择 $U_e=10kV$ 的 ZLL120 型纸绝缘铝包裸钢带铠装一级防腐电力电缆。

（2）选择电缆截面。

由于电缆较短，最大负荷利用小时数在 5000h/a 以下，所以应按最大长期工作电流选择电缆截面。两条出线最大负荷电流为

$$I_{L1}=I_{L2}=\frac{P_{zd}}{\sqrt{3}U_e\cos\varphi}=\frac{1520}{\sqrt{3}\times10\times0.8}=109.7\ (A)$$

根据 $I_{L1}=I_{L2}=109.7A$ 及 $\theta_0=25℃$ 的条件，从 10kV 电缆允许载流量表中，确定每条线路选取一根 $70mm^2$ 的电缆，其允许电流 $I_y=130A$。

4 条电缆线路有 4 根并列敷设在电缆沟内，发热互相有影响，所以允许电流要减小。电缆的中心距离取电缆外径的 2 倍，由电缆在空气中多根并列敷设时载流量的校正系数表中查出 4 根并列敷设时允许电流校正系数 K_1 为 0.95。

由于实际空气温度 $\theta=30℃$ 大于 $\theta_0=25℃$，所以电缆的允许电流还要减小。长期允许发热温度 θ_y 为 60℃，故在电缆温度校正系数表中查得校正系数 K_t 为 0.93。总的校正系数为

$$K=K_tK_1=0.93\times0.95=0.88$$

一根电缆校正后的允许电流

$$KI_y=0.88\times130=114.4(A)>109.7(A)$$

满足长期发热要求。

（3）校验短路时的热稳定。

短路计算时间为

$$t=t_b+t_f=0.1+0.3=0.4\ (s)$$

$$\beta''=\frac{I''}{I_\infty}=\frac{3}{2}=1.5$$

由周期分量等值时间曲线查得 $t_z=0.58$ (s)。

非周期分量等值时间为

$$t_{fz}=0.05\beta''^2=0.05\times1.5^2=0.11\ (s)$$

所以，等值时间为

$$t_{dz}=t_z+t_{fz}=0.58+0.11=0.69\ (s)$$

查表 $C=95\times10^6$。电缆最小截面为

$$S_{zx}=\frac{I_\infty}{C}\sqrt{t_{dz}}=\frac{2\times10^3}{95\times10^6}\times\sqrt{0.69}=17.5\times10^{-6}(m^2)=17.5(mm^2)<70(mm^2)$$

因此，选择的电缆满足热稳定要求。

第三节　断路器及隔离开关的选择

一、断路器的选择

高压断路器是根据其主要技术参数来选择的，即根据额定电压、额定电流、装置种

类、构造形式、开断电流（或断流容量）、热稳定和动稳定等。下面叙述具体选择的方法。

1. 按额定电压选择

断路器的额定电压应不小于其所在电网的额定电压，即

$$U_e \geqslant U_w \tag{6-25}$$

式中 U_e——断路器的额定电压；

U_w——断路器所在电网的额定电压。

2. 按额定电流选择

断路器的额定电流应不小于它所在线路的最大长期工作电流，即

$$I_e \geqslant I_{g \cdot zd} \tag{6-26}$$

式中 I_e——断路器的额定电流；

$I_{g \cdot zd}$——最大长期工作电流，要计及过负荷及线路最大输送能力，按表 6－1 计算。

当断路器实际使用的环境温度 θ 不同于计算环境温度时，其允许电流不等于额定电流，应按式（6－3）修正。

3. 按装置种类选择

装置种类是指断路器装设的场所。装在屋内的选用屋内型，装在屋外的选用屋外型。当屋外配电装置处于严重污秽地区或积雪覆冰严重地区，应采用高一级电压的断路器。

4. 按构造形式选择

高压断路器的构造形式很多，但各有不同的特点（参看第二章）。农村变电站过去常采用少油断路器和多油断路器。随着农村模式变电站的建立，新型的 SF_6 断路器、真空断路器已被农村变电站采用。

5. 按额定开断电流选择

断路器除满足正常工作条件外，还要求它能可靠地切断最大短路电流。一般用额定开断电流来表示断路器开断短路电流的能力。按额定开断电流选择断路器时，必须满足这样的条件，就是在给定的电网电压下，高压断路器的开断电流不应小于高压断路器的灭弧触头开始分离电路内的短路电流有效值，即

$$I_{ekd} \geqslant I_{dt} \tag{6-27}$$

式中 I_{ekd}——断路器的额定开断电流，kA；

I_{dt}——断路器灭弧触头开始分开瞬间的短路电流有效值，kA。

为了确定上述短路电流 I_{dt}，应正确选择短路点和短路类型以及断路器触头开断时的计算时间。短路点的选定已在前面讲过，即考虑断路器两侧的短路情况，从中选用通过断路器的最大短路电流作为计算电流。

最严重的短路类型一般是三相短路，特别是在中性点不接地的系统中更是如此。在中性点接地的系统中，单相短路电流在不利条件下可能超过三相短路电流。然而，在单相短路时，断路器的最大开断电流可以超过三相短路电流时额定开断电流的 15%，因而单相短路，只有在其电流比三相短路电流大 15%以上时才作为选用的计算条件。

断路器的开断计算时间，是从短路瞬间开始到断路器灭弧触头分离的时间，其中包括继电保护动作的时间 t_b 和断路器固有分闸时间 t_g 之和，即

$$t_{kd} = t_b + t_g \ (s) \tag{6-28}$$

继电保护动作时间应考虑快速保护所能达到的最小时间，这样计算开断电流才具有最大值。固有分闸时间是随断路器的类型不同而有差异。对于快速动作的断路器其固有分闸时间不大于 0.04s，对于非快速动作的断路器为 0.1～0.15s。

计算短路电流 I_{dt} 可分为以下几种情况：

（1）当 $t_{kd}<0.1s$ 时，I_{dt} 取短路电流的全电流，即

$$I_{dt}=\sqrt{I_z^2+(\sqrt{2}I''e^{-\frac{t_{kd}}{T_a}})^2} \tag{6-29}$$

式中　t_{kd}——断路器的开断计算时间，s；

I_z——断路器开断瞬间短路电流周期分量有效值，可近似取 $I_z=I''$，kA；

T_a——短路电流非周期分量的衰减时间常数，$T_a=\frac{X_\Sigma}{\omega r_\Sigma}=\frac{X_\Sigma}{314r_\Sigma}$，$X_\Sigma$ 和 r_Σ 为短路点至电源端各主要元件的等效总电抗和等效总电阻。

（2）当 $t_{kd}>0.2s$ 时，对 T_a 较小的电力网（$T_a\approx0.05s$），由于短路电流非周期分量衰减接近为零，故 I_{dt} 按短路开始时的次暂态电流值计算，即

$$I_{dt}=I'' \tag{6-30}$$

（3）当 $t_{kd}>0.2s$ 时，对 T_a 更小的电力网终端变电站，I_{dt} 可取 $I_{0.2}$，即

$$I_{dt}=I_{0.2} \tag{6-31}$$

式中　$I_{0.2}$——短路时间为 0.2s 的短路电流周期分量有效值，利用短路运算曲线法求出。

（4）对由无穷大电源供电的农村电力网，则有

$$I_{dt}=I''=I_\infty \tag{6-32}$$

如果断路器装设在低于其额定电压的电网中时，开断电流相应提高，可按式（6-33）换算，即

$$I_{kd}=I_{ekd}\frac{U_e}{U} \tag{6-33}$$

式中　I_{kd}——对应于电网电压 U 下的断路器极限开断电流，kA。

6. 校验短路时的热稳定

断路器的热稳定由制造厂给出的 t 内的热稳定电流 I_r 表示。即在给定的 t 内，电流 I_r 通过高压断路器时，其各部分的发热温度不会超过最大短时允许发热温度。所以，制造厂规定的短时允许发热量应大于短路期内发出的热量，用式子表示为

$$I_r^2t\geqslant I_\infty^2t_{dz} \tag{6-34}$$

式中　t——断路器的热稳定时间，s；

I_r——断路器在 t 内的热稳定电流，kA。

7. 校验短路时动稳定

高压断路器的极限通过允许电流，若大于三相短路时通过断路器的冲击电流，动稳定便满足要求，即

$$i_j\geqslant i_{ch} \tag{6-35}$$

式中　i_j——断路器的极限通过电流的幅值，kA；

i_{ch}——三相短路冲击电流，kA。

二、隔离开关选择

隔离开关应根据下列条件选择：额定电压、额定电流、装置种类及构造形式。此外，还需校验动稳定和热稳定。选择隔离开关的要求和方法，与选择断路器相同，但不需要校验其断流容量。

【例 6-3】 选择农村变电站 35kV 变压器回路的断路器和隔离开关。已知：流过该断路器的最大长期工作电流为 84A、短路电流：$I''=5kA$、$I_{0.2}=4.2kA$、$I_{\infty}^{(3)}=3.4kA$、$I_{\infty}^{(3)}>I_{\infty}^{(2)}$，继电保护动作时间 $t_b=1.4s$，燃弧时间 $t_{hu}=0.03s$。

解：（1）按构造形式、装置种类、额定电压、额定电流和额定开断电流选择断路器。

根据 $U_w=35kV$，$I_{g\cdot zd}=84A$，$I_{dt}=I_{0.2}=4.2kA$，选择 SW_2—35/1000 型断路器。技术数据为：$U_e=35kV$，$I_e=1000A$，$I_{ekd}=16.5kA$，$i_j=45kA$，$t_g=0.07s$，$I_r^2t=16.5^2\times4$（$kA^2\cdot s$）

由于 $U_e=U_w=35kV$，$I_e=1000A>I_{g\cdot zd}=84A$，以及终端变电站，断路器的开断计算时间

$$t_{kd}=1.4+0.07=1.47\text{ (s)}>0.2\text{ (s)}$$

则
$$I_{dt}=I_{0.2}=4.2kA<I_{ekd}=16.5\text{ (kA)}$$

所以，满足按额定电压、额定电流及额定开断电流选择断路器的要求。

（2）校验 SW_2—35/1000 型断路器的热稳定和动稳定。

短路计算时间为

$$t=1.4+0.07+0.03=1.5\text{ (s)}>1\text{ (s)}$$

不考虑短路电流非周期分量的影响

$$\beta''=\frac{I''}{I_{\infty}}=\frac{5}{3.4}=1.5$$

查周期分量等值时间曲线得

$$t_z=1.6\text{ (s)}$$

所以
$$t_{dz}=t_z=1.6\text{ (s)}$$

短路电流的热脉冲

$$I_{\infty}^2t_{dz}=3.4^2\times1.6<I_r^2t=16.5^2\times4\text{ (kA}^2\cdot\text{s)}$$

因此，满足热稳定要求。

极限通过电流

$$i_j=45kA>i_{ch}=2.55\times5=12.75\text{ (kA)}$$

故动稳定也满足要求。最后决定选取 SW_2—35/1000 型少油断路器。

（3）选择隔离开关。

根据上面计算的数据和已知条件，选择屋外式 GW_5—35GD/600 型隔离开关。技术数据为 $U_e=35kV$，$I_e=600A$，$i_j=50kA$，$I_r^2t=14^2\times5kA^2\cdot s$。

隔离开关的额定电压和额定电流满足题给的条件。极限通过电流

$$i_j=50kA>i_{ch}=2.55\times5\text{ (kA)}$$

满足动稳定要求，短路电流热脉冲

$$I_r^2 t = 14^2 \times 5 > I_\infty^2 t_{dz} = 3.4^2 \times 1.6\ (\mathrm{kA^2 \cdot s})$$

满足热稳定要求，所以，选择 GW$_5$—35GD/600 型隔离开关满足要求。

第四节 熔断器的选择

熔断器是最简单的保护电器，它用来保护电气设备免受过载和短路电流损害。高压熔断器的选择条件为额定电压、额定电流、装置种类、构造形式、开断电流（极限断路容量）、保护的选择性等。

一、按额定电压选择

必须使熔断器的额定电压不小于所在电网的额定电压，即

$$U_e \geqslant U_w \tag{6-36}$$

但是充填石英砂的熔断器，只能用在其额定电压的电网中，不能用在高于或低于其额定电压的电网中。这是因为这种熔断器是限流的，熔断时有过电压发生。如果熔断器用在低于其额定电压的电网中，过电压可能达到 3.5～4 倍电网相电压，将使电网产生电晕，甚至损坏电网中的电气设备；如果熔断器用在高于其额定电压的电网中，则熔断器产生的过电压将引起电弧重燃，并无法再度熄灭，使熔断器烧坏；若用于与其额定电压相等的电网中，则无此种危险，熔断时的过电压仅为 2～2.5 倍电网相电压，仅比设备的线电压略高一些。

二、按额定电流选择

必须满足下列条件

$$I_{e\cdot rq} \geqslant I_{e\cdot rj} \geqslant I_{g\cdot zd} \tag{6-37}$$

式中 $I_{e\cdot rq}$——熔断器的额定电流，A；

$I_{e\cdot rj}$——熔件的额定电流，A；

$I_{g\cdot zd}$——电路的最大长期工作电流，A。

如果熔断器用于保护电动机时，则需按电动机启动条件来选择额定电流。同时还应考虑熔断器在运行中可能发生的冲击电流（如投入空载变压器和静电电容器时的合闸涌流）作用下，不致误熔断。

1. 用熔断器保护电动机

应按电动机启动条件来选择熔件的额定电流，即熔件通过启动电流时不应熔断。因此，应满足

$$I_{e\cdot rj} \geqslant \frac{I_q}{\alpha} \tag{6-38}$$

式中 I_q——电动机的启动电流，A；

α——系数（正常情况下启动的笼型感应电动机，$\alpha = 2.5$；对频繁启动的笼型感应电动机，$\alpha = 1.5 \sim 2.0$）。

2. 用熔断器保护变压器

变压器在空载合闸时产生很大的励磁涌流，通过熔件时不应使熔件熔断。同时，还要考虑电动机的自启动的影响，因此，选择熔件额定电流时，应按式（6-39）计算，即

$$I_{e\cdot rj} = K_b I_{eb} \tag{6-39}$$

式中　I_{eb}——变压器高压侧的额定电流，A；

K_b——系数（不考虑电动机自启动时取1.1～1.3；考虑自启动时取1.5～2.0）。

3. 用熔断器保护电力电容器

电力电容器在合闸时产生冲击电流，此时熔件不应熔断。所以，熔件的额定电流应按此条件来选择，即

$$I_{e\cdot rj} = K_c I_{ec} \text{ (A)} \tag{6-40}$$

式中　I_{ec}——电容器的额定电流，A；

K_c——系数（对跌落式高压熔断器取1.2～1.3；对限流式高压熔断器，当为一台电力电容器时，取1.5～2.0；当为一组电力电容器时，取1.3～1.8）。

三、按额定开断电流选择

熔断器是一种保护电器，必须具有可靠的切断短路的能力，因此，应满足

$$I_{ekd} \geqslant I_{ch} \text{ (或 } I''\text{)} \tag{6-41}$$

式中　I_{ekd}——熔断器的额定开断电流，kA；

I_{ch}——短路冲击电流的有效值，$I_{ch}=1.52I''$，kA；

I''——次暂态电流有效值，kA。

对于没有限流作用的熔断器，选择时用冲击电流的有效值I_{ch}进行校验；对于有限流作用的熔断器，在电流过最大值之前已截断，故可不计非周期分量的影响，而采用I''进行校验。

当非限流的熔断器不装设在其额定电压的电网中时，熔断器的极限开断电流由式（6-42）来确定，即

$$I_{kd} = I_{ekd}\frac{U_e}{U} \tag{6-42}$$

式中　I_{kd}——熔断器所在电网电压U下的极限开断电流，kA；

U_e——熔断器的额定电压，kV；

U——熔断器所在电网的电压，kV。

四、按保护动作的选择性来校验熔件的额定电流

熔断器熔件的额定电流的选择必须满足前后两级熔断器之间、熔断器与电源侧继电保护之间及熔断器与负荷侧继电保护之间动作的选择性。

农村变电站变压器高压侧熔件的熔断时间应与低压侧出线路保护动作时间相配合。出线路采用跌落式熔断器或无重合闸的继电保护时，上下级保护动作时限级差$\Delta t\geqslant 0.5$s；出线路采用带有重合闸的继电保护或重合闸熔断器时，则动作时限级差$\Delta t\geqslant 0.8$s。

农村变电站变压器高压侧熔件的熔断时间还应与上级变电站继电保护动作时间相配合，应比上级保护动作时间小0.5s。

配电变压器高压侧熔件的熔断时间与低压侧出线路熔件的熔断时间相配合。要求低压侧出线路故障时高压侧熔件不应熔断。低压侧短路时，其熔件熔断时间一般约为0.1s，为满足选择性的要求，变压器低压侧出线路短路时的最大短路电流通过高压侧熔断器时，熔件熔断时间应大于0.6s。

另外，对于保护电压互感器的熔断器，只需按额定电压及断流容量两项来选择。

【例 6-4】 某一 35kV 农村变电站主接线如图 6-6 所示，主变容量为 2000kVA，流过 35kV 跌落式熔断器的最大短路电流 $I''=3.2$kA，试选择保护主变的跌落式高压熔断器。

解：通过熔断器的最大长期工作电流为

$$I_{g\cdot zd}=1.05I_{eb}=\frac{1.05\times 2000}{\sqrt{3}\times 35}=35\ (\text{A})$$

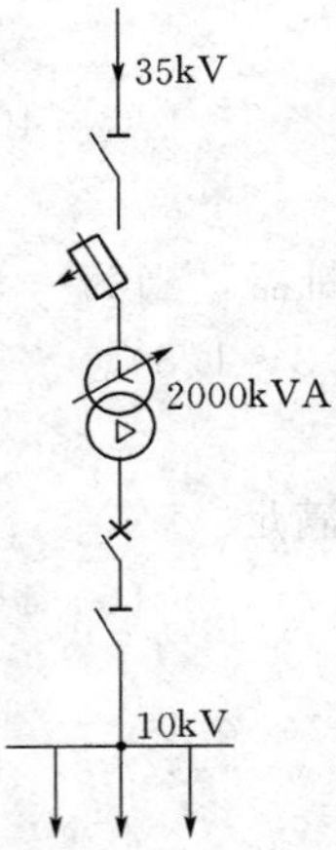

35kV

2000kVA

10kV

图 6-6 变电站主接线

熔件的额定电流为

$$I_{e\cdot rj}=K_b I_{eb}=\frac{1.5\times 2000}{\sqrt{3}\times 35}=49.5\ (\text{A})$$

由于跌落式高压熔断器的切断短路电流的能力是用额定断流容量来表示的，所以应计算短路容量，短路电流应采用冲击电流的有效值 I_{ch}，故三相短路容量为

$$S_d=\sqrt{3}U_p I_{ch}=\sqrt{3}\times 37\times 1.52\times 3.2=3117\ (\text{MVA})$$

根据 $U_w=35$kV，$I_{g\cdot zd}=35$A，$I_{e\cdot rj}=49.5$A 及 $S_d=311.7$MVA，选择 RW_5—35/100—400 型跌落式高压熔断器，技术数据为 $U_e=35$kV，$I_{e\cdot rq}=100$A，$S_{ekd}=400$MVA。

熔件的额定电流规格化可选 $I_{e\cdot rj}=50$A，则 $I_{e\cdot rq}=100\text{A}>I_{e\cdot rj}=50\text{A}>I_{g\cdot zd}=35$A，满足额定电流选择的条件。

额定断流容量为

$$S_{ekd}=400\text{MVA}>S_d=311.7\ \text{MVA}$$

满足熔断器开断短路电流能力的要求。最后还要按熔断器与前后级保护动作的选择性来校验熔件的额定电流，如果熔件的熔断时间能满足与前后级保护动作时间相配合的要求，就决定选用 RW_5—35/100—400 型跌落式高压熔断器。

第五节 支柱绝缘子及穿墙套管的选择

发电厂和变电站常用的绝缘子有支柱绝缘子、穿墙绝缘子和悬式绝缘子。支柱绝缘子用于支持和固定母线，并使母线与地绝缘；穿墙绝缘子主要用于母线穿过墙壁或地板时，使母线与母线之间、母线与地之间绝缘；悬式绝缘子主要用于固定屋外配电装置中的软母线。

一、支柱绝缘子的选择

1. 按装置种类和构造形式选择

支柱绝缘子按装设地点分为屋内式和屋外式两种。装设在屋内时，多采用联合胶装支柱绝缘子；装设在屋外时，多采用棒式支柱绝缘子。

2. 按额定电压选择

应满足以下条件

$$U_e\geqslant U_w \tag{6-43}$$

式中 U_e——支柱绝缘子的额定电压；

U_w——支柱绝缘子安装地点的电网的额定电压。

当屋外环境有污秽或冰雪时，3～20kV屋外支柱绝缘子一般应采用高一级电压的产品。

3. 校验动稳定

为了使支柱绝缘子在母线短路时所产生的电动力作用下不致损坏，要求绝缘子帽受的最大作用力不大于绝缘子的允许负荷，即

$$F \leqslant 0.6F_{p} \text{ (N)} \tag{6-44}$$

式中 F——短路时支柱绝缘子帽所受的最大作用力，按表6-5中所列公式计算，表中 K_z 为绝缘子受力折算系数，由表6-6确定，N；

F_p——支柱绝缘子抗弯破坏负荷，$0.6F_p$ 为绝缘子的允许负荷，N。

绝缘子的机械强度用抗弯破坏负荷来表示。支柱绝缘子的 F_p 用A、B、C、D、E表示，其值分别为3675N、7350N（屋外针式支柱为4900N）、12250N、19600N、29400N。

表6-5　支柱绝缘子和穿墙绝缘子上所受的力 F

母线布置方式		三相短路时的最大电动力 F_{zd} (N)	绝缘子受力 F (N)		备注
			母线垂直布置	母线水平布置	
三相同平面	矩形母线	$1.73\times10^{-7}\dfrac{Li_{ch}^2}{a}$	$F=F_{zd}$	$F=K_zF_{zd}$	L　L₁　L₂　a　a 对穿墙套管 $L=\dfrac{L_1+L_2}{2}$，L_2 为穿墙套管本身长度
直角三角形	A　a_2　B　a_3　a_1　C	$1.5\times10^{-7}\dfrac{a_3L}{a_1a_2}i_{ch}^2$	$F=F_{zd}$	$F=K_zF_{zd}$	

二、穿墙绝缘子的选择

1. 按装置种类和构造形式选择

穿墙绝缘子的装置种类有屋内式和屋外式两种。装设在屋内的穿墙绝缘子选用屋内式；装设在屋外的穿墙绝缘子选用屋外式。

按构造类型选择，一般采用铝导体穿墙绝缘子，对于母线型穿墙绝缘子，应校核窗口允许穿过的母线尺寸。

表6-6　确定绝缘子上受力的折算系数 K_z

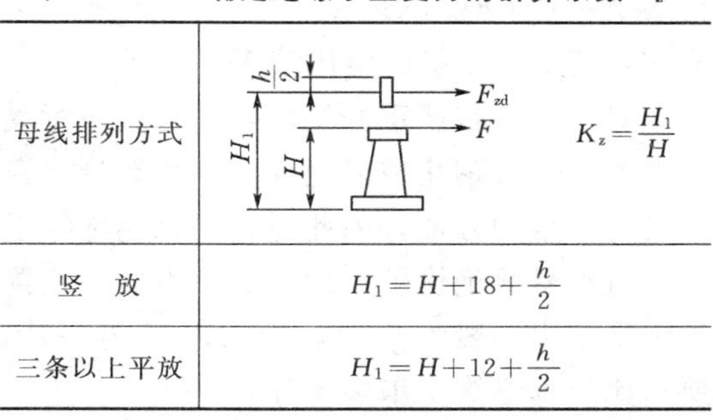

母线排列方式	$\frac{h}{2}$　F_{zd}　F　H_1　H　　$K_z=\dfrac{H_1}{H}$
竖　放	$H_1=H+18+\dfrac{h}{2}$
三条以上平放	$H_1=H+12+\dfrac{h}{2}$

注　1～2条母线平放时 $K_z\approx1$。

2. 按额定电压选择

应满足以下条件

$$U_e \geqslant U_w \tag{6-45}$$

式中 U_e——穿墙绝缘子的额定电压；

U_w——穿墙绝缘子安装地点的电网的额定电压。

3. 按最大长期工作电流选择

通过穿墙绝缘子的最大长期工作电流不应大于其额定电流，即

$$I_{g\cdot zd} \leqslant I_e \text{ (A)} \tag{6-46}$$

式中 $I_{g\cdot zd}$——通过穿墙绝缘子的最大长期工作电流，A；

I_e——穿墙绝缘子的额定电流，A。

穿墙绝缘子的长期发热允许温度 $\theta_y=80℃$，计算环境温度 $\theta_0=40℃$。当周围环境温度 θ 高于 40℃，但不超过 60℃时，套管的允许电流 $I_{y\theta}$ 应按式（6-47）计算，即

$$I_{y\theta}=I_e\sqrt{\frac{\theta_y-\theta}{\theta_y-\theta_0}}=I_e\sqrt{\frac{80-\theta}{40}} \tag{6-47}$$

4. 校验热稳定

穿墙绝缘子的热稳定必须满足

$$I_r^2t\geqslant I_\infty^2t_{dz}\ (\mathrm{kA}^2\cdot\mathrm{s}) \tag{6-48}$$

式中各符号含义与断路器相同。

5. 校验动稳定

要求穿墙绝缘子上所受的最大作用力不大于它的允许负荷，即

$$F\leqslant 0.6F_p \tag{6-49}$$

式中 F——穿墙绝缘子上所受的最大作用力，按表 6-5 中所列公式计算，N；

F_p——穿墙绝缘子的抗弯破坏负荷，用 A、B、C、D、E、F 表示，其中 F 值为 39200N，其余值与支柱绝缘子相同，N。

三、悬式绝缘子的选择

悬式绝缘子有盘形悬式瓷绝缘子、防污盘形悬式瓷绝缘子和盘形悬式钢化玻璃绝缘子 3 种。

悬式绝缘子选择项目主要是型号和绝缘子的片数。

目前广泛采用悬式瓷绝缘子，XP 型新系列产品比老系列 X 型产品具有尺寸小、重量轻、性能好等优点，已逐步取代老系列 X 型产品。如 XP—4 型代替 X—3 型、XP—7 型代替 X—4.5 型、XP—10 型代替 X—7 型、XP—16 型代替 X—11 型、XP—4C 型代替 X—3C 型、XP—7C 型代替 X—4.5C 型。

对于污秽较严重的场所，可选用防污盘形悬式瓷绝缘子。

盘形悬式钢化玻璃绝缘子比盘形悬式瓷绝缘子机械强度高、电气性能好、寿命长、不易老化、维护方便，因此适合于比瓷绝缘子性能要求更高的场所。

盘形悬式绝缘子串的片数，由配电装置的电压等级来确定。35kV 配电装置采用的悬垂绝缘子串一般为 3 片，6～10kV 为一片。对耐张绝缘子串，为了能承受较大的拉力，要求比悬垂绝缘子串多 1 片。

【例 6-5】 已知发电机引出线为 40mm×4mm 的铝母线，三相水平布置，竖放在支柱绝缘子上。发电机的额定电压 $U_e=6.3\mathrm{kV}$，额定电流 $I_e=344\mathrm{A}$。流过该母线的短路电流 $I''^{(3)}=3.3\mathrm{kA}$，$I_\infty^{(3)}=2\mathrm{kA}$，$I_\infty^{(3)}>I_\infty^{(2)}$。等值时间 $t_{dz}=0.6\mathrm{s}$，母线相间距离 $a=0.5\mathrm{m}$，绝缘子跨距 $L=1\mathrm{m}$，穿墙绝缘子端部至最近一个支柱绝缘子的间距 $L_1=1\mathrm{m}$，年最高温度为 45℃。试选择该母线上的支柱绝缘子和穿墙绝缘子。

解：（1）支柱绝缘子的选择。

1）按额定电压和装设地点选择：

根据发电机的额定电压为 6.3kV 及装设地点，选择额定电压为 6kV 屋内用胶装 ZNA—6MM 型支柱绝缘子，抗弯破坏负荷 $F_p=3675\mathrm{N}$，高度 $H=100\mathrm{mm}$。

2）校验动稳定：

母线所受的最大电动力为

$$F_{zd} = 1.73 \times 10^{-7} \frac{L}{a} i_{ch}^2 = 1.73 \times 10^{-7} \times \frac{1}{0.5} \times (2.55 \times 3.3 \times 10^3)^2 = 24.5\ (N)$$

绝缘子底部至母线水平中心线的高度

$$H_1 = H + 18 + \frac{h}{2} = 100 + 18 + \frac{40}{2} = 138\ (mm)$$

绝缘子帽所受的力

$$F = F_{zd} K_z = 24.5 \times \frac{138}{100} = 33.81\ (N)$$

绝缘子的允许负荷

$$0.6F_p = 0.6 \times 3675 = 2205\ (N) > F = 33.81\ (N)$$

满足动稳定要求，故选用 ZNA—6MM 型支柱绝缘子。

（2）穿墙绝缘子的选择。

1）按额定电压、装设地点和最大长期工作电流来选择：

最大长期工作电流

$$I_{g \cdot zd} = 1.05 I_e = 1.05 \times 344 = 361.2\ (A)$$

选择 6kV 屋外用的 CWLB—6/400 型穿墙绝缘子，技术数据：$U_e = 6kV$，$I_e = 400A$，$F_p = 7350N$，$I_r^2 t = 7.6^2 \times 5 kA^2 \cdot s$，套管长度 $L_2 = 0.315m$。

穿墙绝缘子在 $\theta = 45℃$ 时的允许电流

$$I_{y\theta} = I_e \sqrt{\frac{80 - \theta}{40}} = 400 \times \sqrt{\frac{80 - 45}{40}} = 374\ (A)$$

大于最大长期工作电流。

2）校验热稳定：

$$I_r^2 t = 7.6^2 \times 5 \geqslant I_\infty^2 t_{dz} = 2^2 \times 0.6\ (kA^2 \cdot s)$$

满足热稳定要求。

3）校验动稳定：

套管的允许负荷为　　$0.6F_p = 0.6 \times 7350 = 4410\ (N)$

套管瓷帽所受的力

$$F = 1.73 \times 10^{-7} \frac{L_1 + L_2}{2a} i_{ch}^2 = 1.73 \times 10^{-7} \frac{1 + 0.315}{2 \times 0.5} \times (2.55 \times 3.3 \times 10^3)^2$$

$$= 16.1(N) < 0.6F_p = 4410\ (N)$$

满足动稳定要求，所以选用 CWLB—6/400 型穿墙绝缘子。

第六节　电压互感器的选择

一、形式选择

电压互感器的形式应根据用途和使用条件来选择。干式电压互感器适用于 6kV 以下空气干燥的屋内配电装置；浇注式电压互感器适用于 3～35kV 屋内配电装置；油浸式电压互感器适用于10kV以上的屋外配电装置，其中普通式油浸互感器适用于3～35kV配电装置，串级式油浸互感器适用于110kV以上的配电装置。

当接有绝缘监视装置时，可选用三相五柱式电压互感器或3台单相三绕组电压互感器；若供给三相功率表和瓦时计时，可选用接成V—V型的两台单相电压互感器。

二、额定电压选择

要求电压互感器的一次额定电压 U_{1e} 与所接入的电网电压相适应，即

$$1.1U_{1e} > U_1 > 0.9U_{1e} \tag{6-50}$$

式中　1.1、0.9——允许的一次电压的波动范围。

电压互感器的二次额定电压 U_{2e} 按表6-7中所列的数据选择。

表6-7　　电压互感器二次额定电压

绕　组	二　次　绕　组		接成开口三角形的附加线圈	
高压侧接法	接于原边线电压上	接于原边相电压上	在中性点接地的系统中	在中性点不接地或经消弧线圈接地的系统中
二次电压（V）	100	$\frac{100}{\sqrt{3}}$	100	$\frac{100}{\sqrt{3}}$

三、准确度等级选择

根据电压互感器二次侧接入的测量仪表和继电器等设备对准确度的要求，确定电压互感器的准确度等级。在同一相回路中，接有不同形式和用途的测量仪表时，应按要求准确度等级最高的仪表来确定电压互感器工作的最高准确度等级。

各种测量仪表和继电器对电压互感器准确度等级的要求如下：

(1) 用于发电机、变压器、调相机、厂用或站用馈线、出线等回路中的电能表用的电压互感器，以及供给所有用于计算电费的电能表用的电压互感器，其准确度等级要求为0.5级。

(2) 供监视电能的电能表、功率表和电压继电器用的电压互感器，其准确度等级要求为1级。

(3) 指示性测量仪表和只有一个电压线圈的继电器用的电压互感器，其准确度等级可为3级。

四、按二次负荷选择

要求二次负荷不大于电压互感器的额定容量，即

$$S_2 \leqslant S_{2e} \tag{6-51}$$

式中　S_{2e}——对应于测量仪表要求的最高准确度等级下的电压互感器的额定容量，VA；

S_2——二次总负荷，VA。

二次总负荷的计算如下：

$$S_2 = \sqrt{(\sum P_e)^2 + (\sum Q_e)^2} \tag{6-52}$$

式中　$\sum P_e$——各负荷总有功功率（$\sum P_e = \sum S_e \cos\varphi_e$，其中 $\cos\varphi_e$ 为各仪表的功率因数），W；

$\sum Q_e$——各负荷总无功功率（$\sum Q_e = \sum S_e \sin\varphi_e$），var。

由于电压互感器的三相负荷经常不相等，所以应按照最大一相负荷来选择，即最大一相负荷不大于电压互感器一相额定容量。

电压互感器的接线方式及每相负荷的计算公式列入表 6－8 和表 6－9 中。

表 6－8　　电压互感器接成不完全星形时每相负荷的计算公式

负荷接线方式			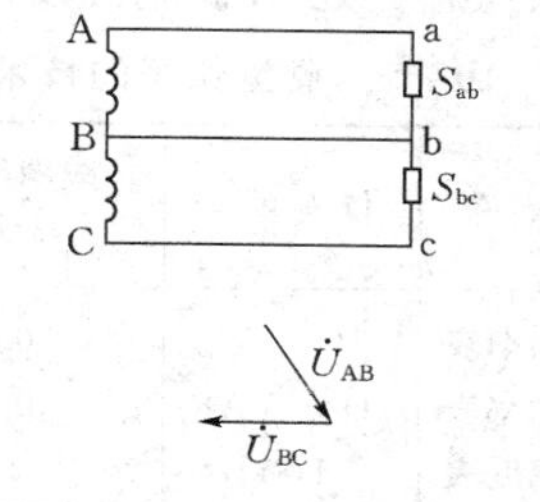	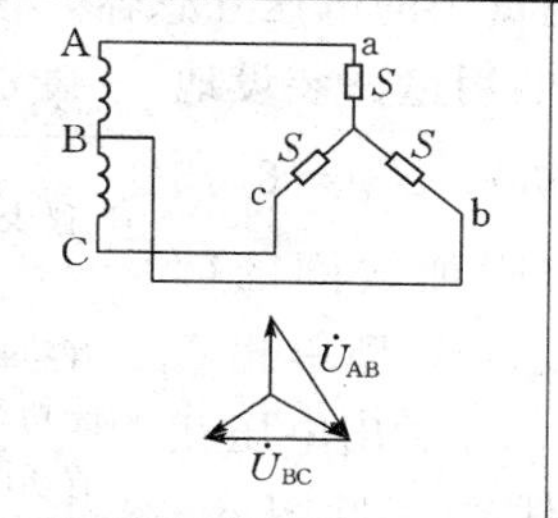	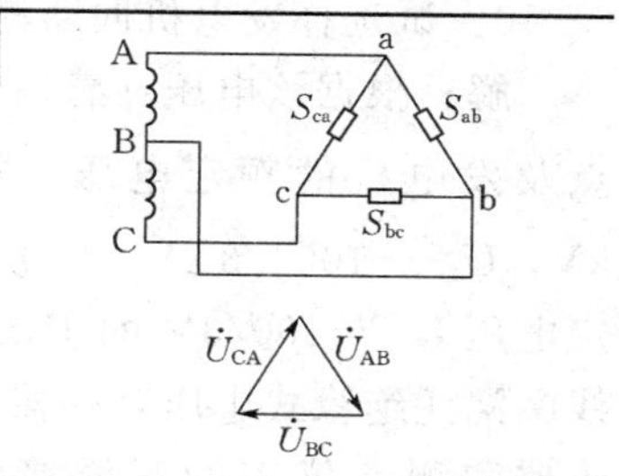
电压互感器每相的负荷	AB	有功	$P_{AB}=S_{ab}\cos\varphi_{ab}$	$P_{AB}=\sqrt{3}S\cos(\varphi+30°)$	$P_{AB}=S_{ab}\cos\varphi_{ab}+S_{ca}\cos(\varphi_{ca}+60°)$
		无功	$Q_{AB}=S_{ab}\sin\varphi_{ab}$	$Q_{AB}=\sqrt{3}S\sin(\varphi+30°)$	$Q_{AB}=S_{ab}\sin\varphi_{ab}+S_{ca}\sin(\varphi_{ca}+60°)$
	BC	有功	$P_{BC}=S_{bc}\cos\varphi_{bc}$	$P_{BC}=\sqrt{3}S\cos(\varphi-30°)$	$P_{BC}=S_{bc}\cos\varphi_{bc}+S_{ca}\cos(\varphi_{ca}-60°)$
		无功	$Q_{BC}=S_{bc}\sin\varphi_{bc}$	$Q_{BC}=\sqrt{3}S\sin(\varphi-30°)$	$Q_{BC}=S_{bc}\sin\varphi_{bc}+S_{ca}\sin(\varphi_{ca}-60°)$

注　S—表计的负荷，VA；φ—相角差；P_{AB}、P_{BC}—电压互感器每相的有功负荷，W；Q_{AB}、Q_{BC}—电压互感器每相的无功负荷，var；电压互感器的全负荷：$S_{ab}=\sqrt{P_{AB}^2+Q_{AB}^2}$，$S_{bc}=\sqrt{P_{BC}^2+Q_{BC}^2}$。

表 6－9　　电压互感器接成星形时每相负荷的计算公式

负荷接线方式		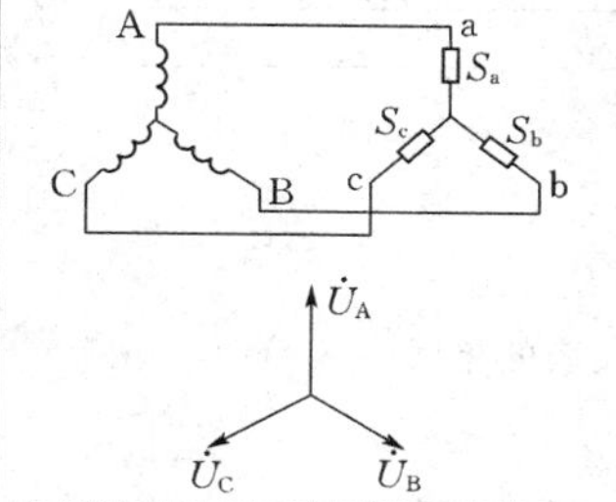	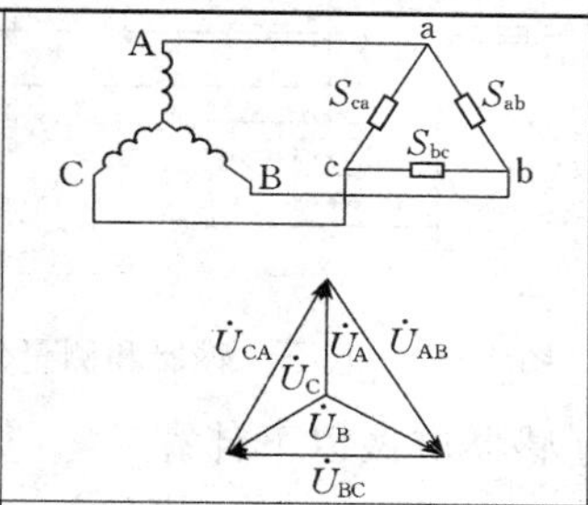	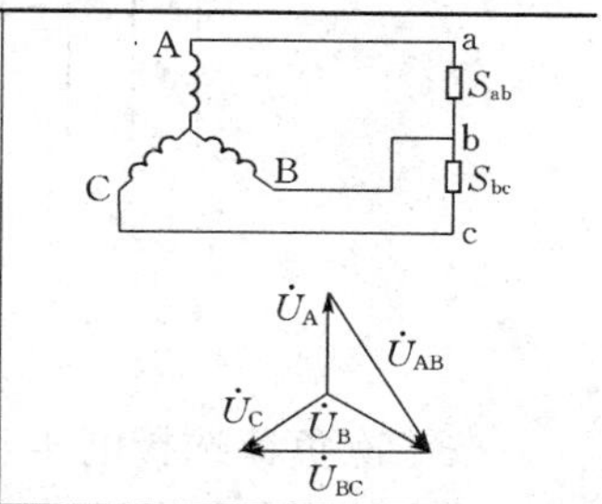
A 相	有功	$P_A=S_a\cos\varphi$	$P_A=\frac{1}{\sqrt{3}}[S_{ab}\cos(\varphi_{ab}-30°)+S_{ca}\cos(\varphi_{ca}+30°)]$	$P_A=\frac{1}{\sqrt{3}}S_{ab}\cos(\varphi_{ab}-30°)$
	无功	$Q_A=S_a\sin\varphi$	$Q_A=\frac{1}{\sqrt{3}}[S_{ab}\sin(\varphi_{ab}-30°)+S_{ca}\sin(\varphi_{ca}+30°)]$	$Q_A=\frac{1}{\sqrt{3}}S_{ab}\sin(\varphi_{ab}-30°)$
B 相	有功	$P_B=S_b\cos\varphi$	$P_B=\frac{1}{\sqrt{3}}[S_{ab}\cos(\varphi_{ab}+30°)+S_{bc}\cos(\varphi_{bc}-30°)]$	$P_B=\frac{1}{\sqrt{3}}[S_{ab}\cos(\varphi_{ab}+30°)+S_{bc}\cos(\varphi_{bc}-30°)]$
	无功	$Q_B=S_b\sin\varphi$	$Q_B=\frac{1}{\sqrt{3}}[S_{ab}\sin(\varphi_{ab}+30°)+S_{ab}\sin(\varphi_{bc}-30°)]$	$Q_B=\frac{1}{\sqrt{3}}[S_{ab}\sin(\varphi_{ab}+30°)+S_{bc}\sin(\varphi_{bc}-30°)]$
C 相	有功	$P_C=S_c\cos\varphi$	$P_C=\frac{1}{\sqrt{3}}[S_{bc}\cos(\varphi_{bc}+30°)+S_{ca}\cos(\varphi_{ca}-30°)]$	$P_C=\frac{1}{\sqrt{3}}S_{bc}\cos(\varphi_{bc}+30°)$
	无功	$Q_C=S_c\sin\varphi$	$Q_C=\frac{1}{\sqrt{3}}[S_{bc}\sin(\varphi_{bc}+30°)+S_{ca}\sin(\varphi_{ca}-30°)]$	$Q_C=\frac{1}{\sqrt{3}}S_{bc}\sin(\varphi_{bc}+30°)$

注　S—表计的负荷，VA；φ—相角差；P_A、P_B、P_C—电压互感器每相的有功负荷，W；Q_A、Q_B、Q_C—电压互感器每相的无功负荷，var；电压互感器的全负荷 $S_a=\sqrt{P_A^2+Q_A^2}$。

【例 6-6】 某发电机的额定电压为6.3kV，发电机回路内装有有功功率表两只，无功功率表一只，有功电能表一只，频率表一只，电压表一只。测量仪表的技术数据见表6-10。试选择发电机回路测量用的电压互感器，该互感器还用于监视发电机单相接地。

解： 根据该电压互感器的用途、装设地点及发电机的额定电压，初选 $U_{1e}=6/\sqrt{3}$ kV，$U_{2e}=100/\sqrt{3}$ kV，二次附加线圈的额定电压 $U_{fe}=100/3$V 的 $JDZJ_1$—6 型单相三线圈浇注绝缘式电压互感器，并做出电压互感器和测量仪表的三线接线图（见图6-7）。由于接入了电能表，所以电压互感器的准确度等级选择0.5级。在0.5级下工作的电压互感器的额定容量 $S_{2e}=50$VA。

表 6-10　测量仪表的技术数据

仪表名称	仪表型号	每线圈消耗功率（VA）	$\cos\varphi$
有功功率表	1D1—W	0.75	1
无功功率表	1D1—VAR	0.75	1
有功电度表	DS1	1.5	0.38
频率表	1D1—Hz	2	1
电压表	1T1—V	5	1

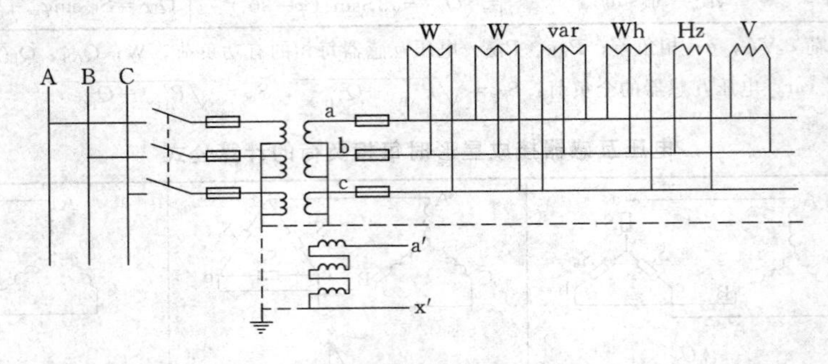

图 6-7　电压互感器和测量仪表的接线

按二次负荷选择电压互感器应做以下计算：

首先计算各相负荷，然后取最大一相负荷与一相额定容量相比较。利用表6-9所示的第三种接线方式，计算各相负荷，即

$$P_{ab}=2\times0.75+0.75+1.5\times0.38+5=7.82\ (\text{W})$$

$$Q_{ab}=1.5\times\sqrt{1-0.38^2}=1.39\ (\text{var})$$

$$S_{ab}=\sqrt{P_{ab}^2+Q_{ab}^2}=\sqrt{7.82^2+1.39^2}=7.94\ (\text{VA})$$

$$\cos\varphi_{ab}=P_{ab}/S_{ab}=7.82/7.94=0.9849;\varphi_{ab}=9°58'$$

$$P_{bc}=2\times0.75+0.75+1.5\times0.38+2=4.82\ (\text{W})$$

$$Q_{bc}=1.5\times\sqrt{1-0.38^2}=1.39\ (\text{var})$$

$$S_{bc}=\sqrt{P_{bc}^2+Q_{bc}^2}=\sqrt{4.82^2+1.39^2}=5.02\ (\text{VA})$$

$$\cos\varphi_{bc}=P_{bc}/S_{bc}=4.82/5.02=0.9602;\varphi_{bc}=16°13'$$

A相负荷为

$$P_A=\frac{1}{\sqrt{3}}S_{ab}\cos(\varphi_{ab}-30°)=\frac{7.94}{\sqrt{3}}\cos(9°58'-30°)=4.3\ (\text{W})$$

$$Q_A=\frac{1}{\sqrt{3}}S_{ab}\sin(\varphi_{ab}-30°)=\frac{7.94}{\sqrt{3}}\sin(9°58'-30°)=-1.57\ (\text{var})$$

B相负荷为

$$P_B=\frac{1}{\sqrt{3}}[S_{ab}\cos(\varphi_{ab}+30°)+S_{bc}\cos(\varphi_{bc}-30°)]$$

$$=\frac{1}{\sqrt{3}}\times[7.94\cos(9°58'+30°)+5.02\cos(16°13'-30°)]=6.48\ (\text{W})$$

$$Q_B=\frac{1}{\sqrt{3}}[S_{ab}\sin(\varphi_{ab}+30°)+S_{bc}\sin(\varphi_{bc}-30°)]$$

$$=\frac{1}{\sqrt{3}}\times[7.94\sin(9°58'+30°)+5.02\sin(16°13'-30°)]=2.06\ (\text{var})$$

从上述计算结果可知，B相负荷最大，其值为

$$S_B=\sqrt{P_B^2+Q_B^2}=\sqrt{6.48^2+2.06^2}=6.799\ (\text{VA})$$

0.5级的$JDZJ_1$—6型电压互感器的一相额定容量为50VA，其值大于它的最大一相负荷S_B，因此满足要求。最后决定选择0.5级的$JDZJ_1$—6型电压互感器作为发电机回路测量和监视发电机单相接地用。

第七节 电流互感器的选择

一、形式选择

电流互感器的形式应根据安装地点和安装方式来选择。6～10kV屋内用电流互感器，采用穿墙式和浇注式；35kV及以上屋外用电流互感器，采用支柱式和穿墙式。

二、额定电压选择

电流互感器的额定电压不小于安装处的电网的额定电压，即

$$U_e\geqslant U_w \tag{6-53}$$

式中 U_e——电流互感器的额定电压；

U_w——电流互感器安装地点的电网的额定电压。

三、按一次额定电流选择

电流互感器的一次额定电流应不小于流过它的最大长期工作电流，即

$$I_{1e}\geqslant I_{g\cdot zd}\ (\text{A}) \tag{6-54}$$

式中 I_{1e}——电流互感器一次额定电流，A；

$I_{g\cdot zd}$——通过电流互感器一次绕组的最大长期工作电流，A。

电流互感器的计算环境温度θ_0为40℃，当实际环境温度θ不等于40℃时，其一次额定电流I_{1e}应按式（6-55）来修正，即

$$I_{1e\theta}=I_{1e}\sqrt{\frac{\theta_y-\theta}{\theta_y-\theta_0}} \tag{6-55}$$

四、准确度等级选择

做出电流互感器所接负荷的三线接线图，根据所接负荷的要求，确定准确度等级。二

次负荷一般有几个不同形式的表计，电流互感器的准确度等级应按等级要求最高的表计来选择。

电流互感器的准确度等级应根据以下几种情况来选择：

（1）用于发电机、变压器、调相机、厂用或所用馈线、出线等回路中的电能表用的电流互感器，以及所有用于计算电费的电能表用的电流互感器，准确度等级为0.5级。

（2）供监视电能的电能表、功率表和电流表用的电流互感器，准确度等级为1级。

（3）用于估计被测数值的表计用的电流互感器准确度等级为3级和10级。

（4）供继电保护用的电流互感器的准确度等级一般为B级。

五、按二次负荷选择

电流互感器的误差与二次负荷阻抗有关，所以同一台电流互感器在不同的准确度等级时，会有不同的额定容量。当二次负荷容量过大时，其准确度等级会降低，因此，选择时必须满足

$$S_{2e} \geqslant S_2 \tag{6-56}$$

式中 S_{2e}——电流互感器的额定容量，VA；

S_2——电流互感器的二次负荷（$S_2 = I_{2e}^2 Z_2$），VA。

电流互感器的二次额定电流 I_{2e} 已经标准化（5A或1A），所以二次负荷主要决定于二次阻抗 Z_2，额定容量也就常用二次额定阻抗 Z_{2e} 表示。

实际选择中，都按最大一相负荷来选择，即最大一相负荷容量（或负荷总欧姆数）不大于额定容量（或额定阻抗）。若不计负荷电抗时，最大一相负荷按式（6-57）计算，即

$$Z_{2zd} = R_1 + R_2 + R_3 \tag{6-57}$$

式中 Z_{2zd}——最大一相负荷阻抗，Ω；

R_1——最大一相负荷测量仪表的总电阻，Ω；

R_2——二次连接导线的电阻，Ω；

R_3——导线接头的接触电阻，一般取0.1Ω。

电流互感器二次测量仪表确定后，式（6-57）中仅连接导线电阻 R_2 是未知量，为了使电流互感器的最大一相负荷 Z_{2zd} 在所要求的准确度等级下不大于其额定阻抗 Z_{2e}（或 S_{2e}），即 $Z_{2zd} \leqslant Z_{2e}$，则连接导线的电阻 R_2 应满足

$$R_2 \leqslant Z_2 - (R_1 + R_3) \quad (\Omega) \tag{6-58}$$

连接导线的长度确定后，其截面为

$$S = \frac{\rho}{R_2} L_j \quad (\text{mm}^2) \tag{6-59}$$

式中 S——二次连接导线的截面（按机械强度要求，铜导体不应小于1.5mm^2；铝导体不应小于2.5mm^2），mm^2；

ρ——导体材料电阻率（铜导体为0.0175Ω·mm^2/m；铝导体为0.0283[8]Ω·mm^2/m），Ω·mm^2/m；

L_j——连接导线的计算长度（与电流互感器的连接方式有关，对单相接线 $L_j = 2L_1$；对三相星形接线 $L_j = L_1$；对两相星形接线 $L_j = \sqrt{3} L_1$，其中，L_1 为电流互感器安装地点到测量仪表之间连接导线路径的长度），m。

六、校验热稳定

电流互感器的热稳定通常以1s的热稳定倍数表示，因此，校验热稳定应满足

$$(I_{1e}K_r)^2 t \geqslant I_{\infty}^2 t_{dz} \quad (kA^2 \cdot s) \tag{6-60}$$

式中　K_r——电流互感器的热稳定倍数，$K_r=\frac{I_r}{I_{1e}}$；

　　t——电流互感器的热稳定时间，$t=1s$。

七、校验动稳定

短路电流通过电流互感器内部绕组时，在其内部产生电动力，电流互感器能承受这种最大电动力的作用而不产生变形或损坏的能力，称为电流互感器的内部动稳定。

短路电流产生的电动力也将作用在电流互感器外部绝缘瓷帽上，电流互感器外部绝缘瓷帽能承受这种最大电动力的作用而不致损坏的能力，称为电流互感器的外部动稳定。

1. 校验内部动稳定

电流互感器的内部动稳定一般以动稳定倍数表示，可根据式（6-61）校验，即

$$\sqrt{2}I_{1e}K_d \geqslant i_{ch} \quad (kA) \tag{6-61}$$

式中　K_d——电流互感器的动稳定倍数，$K_d=\frac{i_j}{\sqrt{2}I_{1e}}$；

　　i_{ch}——短路冲击电流的幅值，A。

2. 校验外部动稳定

校验外部动稳定就是计算电流互感器外部绝缘瓷帽所受的电动力，该力不应大于瓷绝缘帽的允许力。

（1）当产品样本标明瓷绝缘帽端部允许力 F_y 时，按式（6-62）校验，即

$$F_y \geqslant 0.5 \times 1.73 \times 10^{-7} \times \frac{L}{a} i_{ch}^2 \quad (N) \tag{6-62}$$

式中　L——电流互感器绝缘瓷帽端部至最近一个母线支柱绝缘子的距离，m；

　　0.5——系数，表示绝缘瓷帽至最近一个母线支柱绝缘子之间的母线长度 L 上的力的分布。

（2）当产品样本未标明 F_y 时，而给出相间距离 $a=0.4m$ 和 $L=0.5m$ 时的动稳定倍数 K_d 时，则其动稳定按式（6-63）校验，即

$$K_1 K_2 K_d \sqrt{2} I_{1e} \geqslant i_{ch} \quad (kA) \tag{6-63}$$

式中　K_1——当相间距离 $a=0.4m$，$K_1=1$，当 $a\neq 0.4m$ 时，$K_1=\sqrt{\frac{a}{0.4}}$；

　　K_2——当电流互感器绝缘瓷帽端部至最近一个母线支柱绝缘子的距离 $L=0.5m$ 时，$K_2=1$；当 $L=0.2m$ 时，$K_2=1.15$；当 $L=0.1m$ 时，$K_2=0.8$。

（3）对于母线式电流互感器，当产品样本标明允许力 F_y 时，其动稳定按式（6-64）校验，即

$$F_y \geqslant 1.73 \times 10^{-7} \times \frac{L}{a} i_{ch}^2 \quad (N) \tag{6-64}$$

式中　L——母线平均计算长度，$L=\frac{L_1+L_2}{2}$，其中 L_1 为电流互感器瓷帽端部至最后一个

母线支柱绝缘子的距离，L_2 为电流互感器的长度（见图 6-8），m。

对 LMZ 型环氧树脂浇注的母线式电流互感器，因窗口无固定板，故可不校验其动稳定。

【例 6-7】 选择发电厂 10kV 出线上计量用的电流互感器。线路工作电流为 370A，三相短路电流 $I''=18\text{kA}$，$I_\infty=9.1\text{kA}$，短路计算时间 2s。电流互感器接有电流表一只，有功功率表一只，有功电能表一只，由互感器装设处到主控制室仪表之间导线路径长度为 40m。相间距离 $a=0.5\text{m}$，电流互感器绝缘瓷帽端部至最近一个支柱绝缘子的距离 $L=1\text{m}$，互感器与测量仪表的接线如图 6-9 所示。

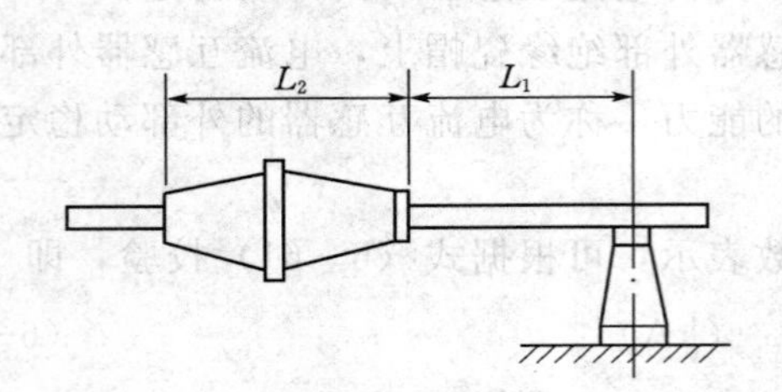

图 6-8 母线式瓷套绝缘电流互感器的接线方式

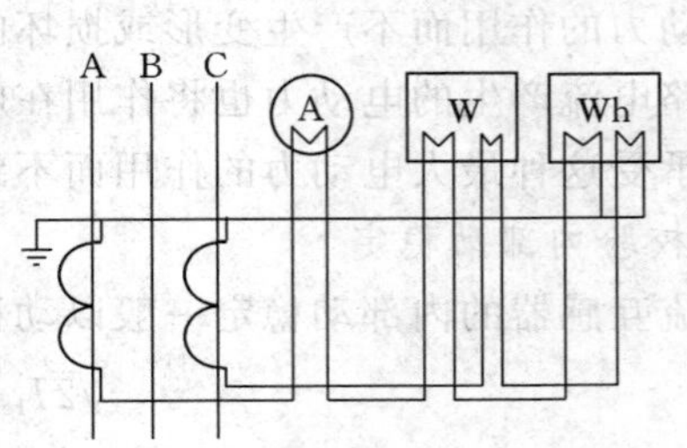

图 6-9 电流互感器与表计的接线

解： 根据线路电压 10kV，工作电流 370A，电流互感器的用途及其安装地点，选择屋内式的 LFC—10 型电流互感器，变比为 400/5，准确度为 0.5 级，额定阻抗 $Z_{2e}=0.6\Omega$。$t=1\text{s}$ 的热稳定倍数 $K_r=75$，动稳定倍数 $K_d=165$，绝缘瓷帽的允许力 $F_y=736\text{N}$。电流互感器所接仪表负荷分配见表 6-11。

表 6-11 电流互感器的负荷

仪表名称型号	二次负荷（VA）	
	A 相	B 相
电流表（1T1—A）	3	0
功率表（1D1—W）	1.5	1.5
电能表 DS_1	0.5	0.5
总 计	5	2

最大一相负荷为

$$Z_{2.\text{zd}}=R_1+R_2+R_3=\frac{5}{5^2}+R_2+0.1\ (\Omega)$$

为满足 $Z_{2e}\geqslant Z_{2zd}$ 的要求，则

$$R_2=Z_{2e}-(R_1+R_3)=0.6-\left(\frac{5}{5^2}+0.1\right)=0.3\ (\Omega)$$

由于电流互感器为两相星型接线，所以 $L=\sqrt{3}L_1$，则导线截面为

$$S=\frac{\rho L_j}{R_2}=\frac{0.0175\times\sqrt{3}\times 40}{0.3}=4\ (\text{mm}^2)$$

故选择截面为 4mm^2 的铜导线。

校验热稳定：

根据 $\beta''=\dfrac{I''}{I_\infty}=\dfrac{18.2}{9.1}=2$，短路计算时间 $t=2\text{s}$，由短路电流周期分量等值时间曲线查得 $t_{dz}=t_z=2.5\text{s}$，所以

$$(I_{1e}K_r)^2t=(400\times75)^2\times1=9\times10^8\ (kA^2\cdot s)$$

$$I_\infty^2 t_{dz}=(9.1\times10^3)^2\times2.5=2\times10^8<9\times10^8\ (kA^2\cdot s)$$

满足热稳定要求。

校验动稳定：

校验内部动稳定条件为

$$\sqrt{2}I_{1e}K_d\geqslant i_{ch}$$

$$\sqrt{2}I_{1e}K_d=\sqrt{2}\times0.4\times165=93.3\ (kA)>i_{ch}=2.55\times18.2\ (kA)$$

校验外部动稳定条件为

$$F_y\geqslant0.5\times1.73\times10^{-7}\times\frac{L}{a}i_{ch}^2$$

$$=0.5\times1.73\times10^{-7}\times\frac{1}{0.5}\times(2.55\times18.2\times10^3)^2\ (N)$$

$$=372.6(N)<F_y=736\ (N)$$

所以满足动稳定要求。则选择的 LFC—10 型电流互感器合格。

思　考　题

1. 为什么要正确地确定短路计算点？

2. 电气设备为什么规定了最大工作电压？

3. 在 35kV 及以下的屋内配电装置中，为什么广泛地采用矩形截面的铝母线？

4. 配电装置中的哪些母线按照最大长期工作电流选择截面？哪些母线按照经济电流密度选择截面？

5. 电气设备在什么情况下可以不用校验热稳定或动稳定？

6. 选择限流式熔断器时，为什么必须满足 $U_e=U_w$（熔断器所在电网的额定电压）？

7. 某降压变电站 10kV 主母线选为 LMY—80×8，周围介质温度为 25℃时，其容许额定电流为 $I_{y0}=1215A$，母线正常持续工作电流 $I_{g\cdot zd}=1200A$，当发生三相短路时，短路电流

计算值为 $I''=I_\infty=15kA$。短路计算时间 $t=0.8s$，试校验所选母线能否满足短路时热稳定的要求？

8. 电流、电压互感器的准确度等级是如何区分的？

9. 电压互感器的副绕组和附加线圈电压如何选择？为什么？

10. 短路计算时间与断路器开断计算时间有何区别？

第七章　配　电　装　置

第一节　屋内、外配电装置的安全净距

一、概述

配电装置是按主接线要求由开关设备、保护电器、测量仪表、母线和必要的辅助设备等组成。它的主要作用是：接受电能，并把电能分配给用户。

1. 分类及特点

按电气设备安装地点不同，配电装置可分为屋内式和屋外式。按其组装方式，又可分为：如在现场组装配电装置的电气设备，称为装配式配电装置；若在制造厂把属于同一回路的开关电器、互感器等电气设备装配在封闭或不封闭的金属柜中，构成一个独立的单元，成套供应，则称为成套配电装置。高压开关柜、低压配电盘和配电箱等均是成套配电装置。

屋内配电装置的特点：占地面积小；不受气候影响；外界污秽空气对电气设备影响小；房屋建筑投资较大。

屋外配电装置的特点：土建量和费用小，建设周期短；扩建方便；相邻设备间距较大，便于带电作业；占地面积大；受外界气候影响，设备运行条件差；外界气象变化影响设备的维修和操作。

大中型变电所中35kV及以下的配电装置，多采用屋内配电装置；110kV及以上多为屋外配电装置。在特殊情况下，如当大气中含有腐蚀性气体或处于严重污秽地区的35～110kV也可采用屋内配电装置。在农村或城市郊区的小容量6～10kV也广泛采用屋外配电装置。

2. 基本要求

配电装置是变电所的重要组成部分，为了保证电力系统安全、经济地运行，配电装置应满足以下基本要求：

(1) 配电装置的设计必须贯彻执行国家基本建设方针和技术经济政策。

(2) 保证运行的可靠性。

(3) 满足电气安全净距要求，保证工作人员和设备的安全。

(4) 便于检修、巡视和操作。

(5) 节约占地，降低造价，做到经济上合理。

(6) 安装和扩建方便。

二、屋内、外配电装置的安全净距

安全净距是从保证电气设备和工作人员的安全出发，考虑气象条件及其他因素的影响所规定的各电气设备之间、电气设备各带电部分之间、带电部分与接地部分之间应该保持的最小空气间隙。

配电装置的整个结构尺寸，是综合考虑设备外形尺寸、检修和运输的安全距离等因素

而决定的。对于敞露在空气中的配电装置，在各种间隔距离中，最基本的是带电部分对接地部分之间和不同相的带电部分之间的空间最小安全净距，即 A_1 和 A_2 值。在这一间距下，无论为正常最高工作电压或出现内外过电压时，都不致使空气间隙击穿。A 值可根据电气设备标准试验电压和相应电压与最小放电距离试验曲线确定，其他电气距离是根据 A 值并结合一些实际因素确定的。

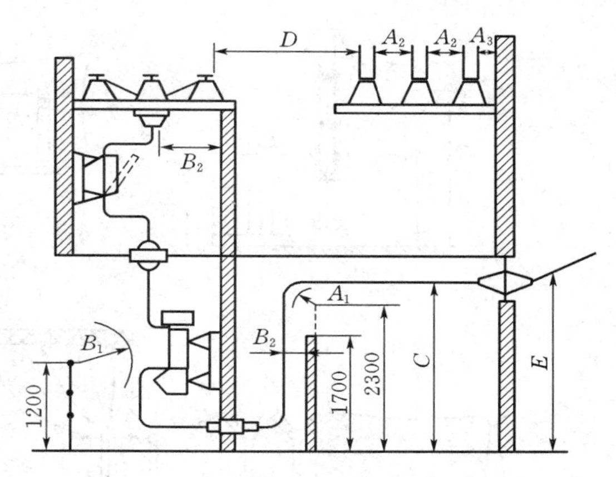

图 7-1 屋内配电装置安全净距校验

安全净距可分为 A、B、C、D、E 这 5 类。屋内配电装置的安全净距不应小于表 7-1 所列数值。屋内电气设备外绝缘体最低部位距地小于 2.3m，应装设固定遮栏。屋内配电装置的安全净距校验如图 7-1 所示。

屋外配电装置的安全净距不应小于表 7-2 所列数据。屋外配电装置使用软导线时，还要考虑软导线在短路电动力、风摆、温度等因素作用下使相间及对地距离的减小。

表 7-1 **屋内配电装置安全净距（mm）**

符号	适用范围	额定电压（kV）									
		3	6	10	15	20	35	60	110J	110	220J
A_1	1. 带电部分至接地部分之间； 2. 网状和板状遮栏向上延伸线距地 2.3m 处，与遮栏上方带电部分之间	75	100	125	150	180	300	550	850	950	1800
A_2	1. 不同相的带电部分之间； 2. 断路器和隔离开关的断口两侧带电部分之间	75	100	125	150	180	300	550	900	1000	2000
B_1	1. 栅状遮拦至带电部分之间； 2. 交叉的不同时停电检修的无遮拦带电部分之间	825	850	875	900	930	1050	1300	1600	1700	2550
B_2	网状遮拦至带电部分之间	175	200	225	250	280	400	650	950	1050	1900
C	无遮拦裸导体至地（楼）面之间	2375	2400	2425	2425	2480	2600	2850	3150	3250	4100
D	平行的不同时停电检修的无遮拦裸导体之间	1875	1900	1925	1950	1980	2100	2350	2650	2750	3600
E	通向屋外的出线套管至屋外通道的路面	4000	4000	4000	4000	4000	4000	4500	5000	5000	5500

注 J 系指中性点直接接地系统。

屋外电气设备外绝缘体距地小于 2.5m 时，应装设固定遮拦。屋外配电装置的安全净距校验如图 7-2 所示。

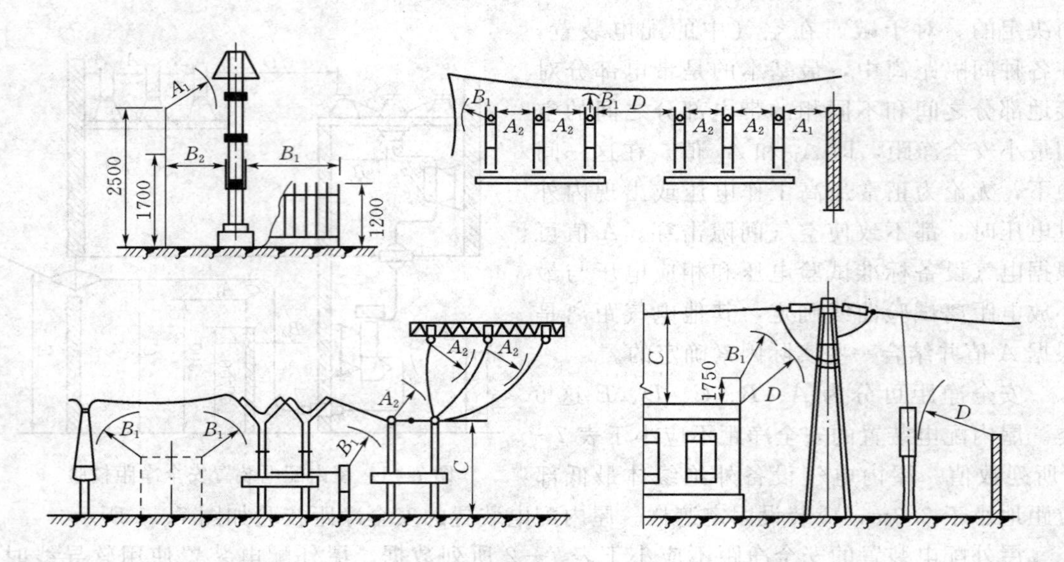

图 7-2　屋外配电装置安全净距校验

表 7-2　　**屋外配电装置的安全净距 (mm)**

符号	适 用 范 围	额 定 电 压 (kV)								
		3～10	15～20	35	60	110J	110	220J	330J	500J
A_1	1. 带电部分至接地部分之间； 2. 网状遮拦向上延伸线距地2.5m处与遮拦上方带电部分之间	200	300	400	650	900	1000	1800	2500	3800
A_2	1. 不同相的带电部分之间； 2. 断路器和隔离开关的断口两侧引线带电部分之间	200	300	400	650	1000	1100	2000	2800	4300
B_1	1. 设备运输时，其外廓至无遮拦带电部分之间； 2. 交叉的不同时停电检修的无遮拦带电部分之间； 3. 栅状遮拦至绝缘体和带电部分之间； 4. 带电作业时的带电部分至接地部分之间	950	1050	1150	1400	1650	1750	2550	3250	4550
B_2	网状遮拦至带电部分之间	300	400	500	750	1000	1100	1900	2600	3900
C	1. 无遮拦裸导体至地面之间； 2. 无遮拦裸导体至建筑物、构筑物顶部之间	2700	2800	2900	3100	3400	3500	4300	5000	7500
D	1. 平行的不同时停电检修的无遮拦带电部分之间； 2. 带电部分与建筑物、构筑物的边沿部分之间	2200	2300	2400	2600	2900	3000	3800	4500	5800

注　J系指中性点直接接地系统。

第二节　屋内配电装置

屋内配电装置的特点是将母线、隔离开关、断路器等电气设备上下重叠布置在屋内。这样可以改善运行和检修条件，亦可大大缩小占地面积。

下面以6～10kV的屋内配电装置为例，说明它的一般结构和布置。

当出线不带电抗器时，一般采用成套开关柜单层布置。当出线带电抗器时，一般采用三层式或两层式布置。三层式是将所有电气设备依其轻重分别布置在三层中，它具有安全、可靠性高、占地面积小等特点，但结构复杂，施工时间长，造价较高，检修运行不太方便。二层式是在三层式基础上改进而来的，所有电器布置在二层中，造价较低，运行和检修方便，占地面积较三层式有所增加。35～220kV的屋内配电装置，只有二层和单层式。

设计配电装置时，在确定所采用的配电装置形式后，通常用配置图来分析配电装置的布置方案和统计所用的主要设备。所谓“配置图”，是把进出线（进线指发电机、变压器；出线指线路）、断路器、互感器、避雷器等合理分配于各层间隔中，并示出导体和电器在各间隔和小室中的轮廓，但不要求按比例尺寸绘制。

屋内配电装置的布置原则如下：

（1）既要考虑设备的重量，把最重的设备（如电抗器）放在底层，以减轻楼板负重和方便安装，又需要按照主接线图的顺序来考虑设备的连接，做到进出线方便。

（2）同一回路的电器和导体应布置在同一间隔（小间）内，而各回路的间隔则相互隔离以保证检修时的安全及限制故障范围。

（3）在母线分段处要用墙把各母线隔开，以防止母线事故的蔓延并保证检修安全。

（4）布置尽量对称，以便于操作。

（5）容易扩建。

一、屋内配电装置的若干问题

1．母线及隔离开关

母线通常布置在配电装置的顶部，一般呈水平、垂直和三角布置，水平布置安装容易，可降低建筑物的高度，因此在中小容量变电所的配电装置中采用较多。垂直布置时，相间距离可以取得较大，支柱绝缘子装在水平隔板上，绝缘子间的距离可取较小值，因此母线结构可获得较高的机械强度，但结构复杂，增加建筑物高度，可用于20kV以下、短路电流很大的装置中。直角三角形布置方式，结构紧凑，可充分利用间隔的高度和深度，但三相为非对称布置，外部短路时，各相母线和绝缘子机械强度均不相同，这种布置方式常用于6～35kV大、中容量的配电装置中。

母线相间距离a决定于相间电压，并考虑短路时母线和绝缘子的机械强度与安装条件。在6～10kV小容量装置中，母线水平布置时，为250～350mm；垂直布置时，为700～800mm；35kV水平布置时，相间距离约为500mm。

双母线（或分段母线）布置中的两组母线应以垂直的隔墙（或板）分开，这样在一组母线故障时，不会影响另一组母线，并可以安全检修。

在负荷变动或温度变化时，硬母线会胀缩，如母线很长，又是固定连接，则在母线、绝缘子和套管中可能产生危险的应力。为了将它消除，必须按规定加装母线补偿器。不同材料的导体连接时，应采取措施，防止产生电腐蚀。

母线隔离开关，通常设在母线的下方。为了防止带负荷误拉隔离开关引起飞弧造成母线短路，在 3～35kV 双母线的布置中，母线与母线隔离开关之间宜装设耐火隔板。两层以上的配电装置中，母线隔离开关宜单独布置在一个小室内。

为了确保设备及工作人员的安全，屋内配电装置应设置：防止误拉合隔离开关、带接地线合闸、带电合接地刀闸、误拉合断路器、误入带电间隔等（常称五防）电气误操作事故的闭锁装置。

2. 断路器及其操作机构

断路器通常设在单独的小室内。油断路器（或含油设备）小室的形式，按照油量多少及防爆结构的要求，可分为敞开式、封闭式及防爆式。

为了防火安全，屋内 35kV 以下的断路器和油浸互感器，一般安装在两侧有隔墙（板）的间隔内；35kV 及以上，则应安装在有防爆隔墙的间隔内。总油量超过 100kg 的油浸电力变压器，应安装在单独的防爆间隔内。当间隔内单台电气设备总油量在 100kg 以上时，应设置储油或挡油设施。

断路器的操作机构设在操作通道内。手动操作机构和轻型远距离控制的操动机构均装在壁上，重型远距离控制的操动机构则落地装在混凝土基础上。

3. 互感器和避雷器

电流互感器无论是干式或油浸式，都可和断路器放在同一小室里。穿墙式电流互感器应尽可能作为穿墙绝缘子使用。

电压互感器经隔离开关和熔断器（110kV 以上只用隔离开关）接到母线上，它需占用专用的间隔，但同一个间隔内，可以装设几个不同用途的电压互感器。

当母线接有架空线路时，母线上应装设避雷器，由于其体积不大，通常与电压互感器共占一个间隔（以隔层隔开），并可共用一组隔离开关。

4. 电抗器

电抗器按其容量不同有 3 种不同的布置方式：三相垂直、品字形和三相水平布置。通常线路电抗器采用垂直布置或品字形布置。

安装电抗器必须注意：垂直布置时，B 相应放在上下两相之间；品字形布置时，不应将 A、C 相重叠在一起，其原因是 B 相电抗器线圈的缠绕方向与 A、C 相线圈相反，这样在外部短路时，电抗器相间的最大作用力是吸力，而不是排斥力，以便利用瓷绝缘子抗压强度比抗拉强度大的特点。

5. 配电装置的通道和出口

配电装置的布置应便于设备操作、检修和搬运，故需设必要的通道。凡用来维护和搬运各种电器的通道，称为维护通道。如通道内设有断路器（或隔离开关）的操动机构、就地控制屏等，称为操作通道。仅和防爆小室相通的通道，称为防爆通道。

为了保证工作人员的安全及工作便利，配电装置室长度大于 7m 时，应有两个出口（最好设在两端）；当长度大于 60m 时，在中部适当的地方再增加一个出口。

6. 电缆隧道及电缆沟

电缆隧道及电缆沟是用来放置电缆的。电缆隧道为封闭狭长的建筑物，高 1.5m 以上，两层设有数层敷设电缆的支架，可放置较多的电缆，便于敷设和维修，但造价太高，一般用于大型电厂。电缆沟为有盖板的沟道，沟宽与深不足 1m，敷设与维修不方便，但土建施工简单，造价低，常为变电所和中小型发电厂所采用。

7. 配电装置室的采光和通风

配电装置室可以采用开窗采光和通风，但应采取防止雨雪、风沙、污秽和小动物进入室内的措施。按事故排烟要求，应装设足够的事故通风装置。

二、屋内配电装置实例

图 7-3 所示为 66kV 全室内两层布置配电装置断面，它适用于城镇或沿海等污秽比较严重的地区。为两层、单通道布置的断面。

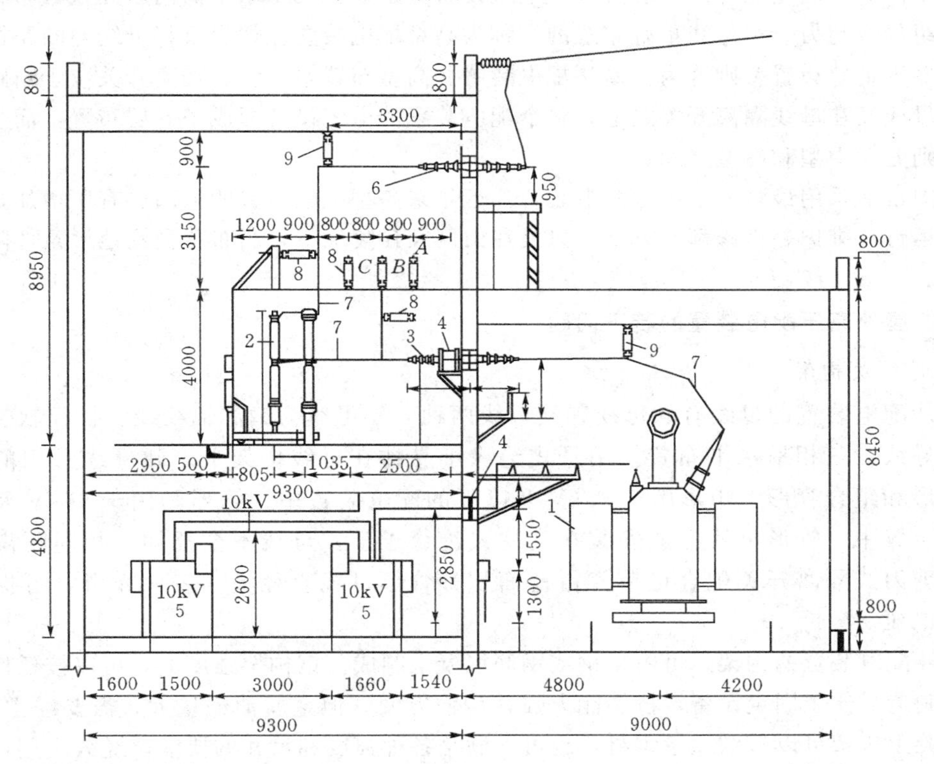

图 7-3　66kV 室内两层式配电装置

1—电力变压器；2—SF_6 手车组合式开关；3—穿墙绝缘子；4—穿墙式电流互感器；5—10kV 手车式开关柜；6—户外式穿墙绝缘子；7—母线；8—棒式支柱绝缘子；9—悬式支柱绝缘子

66kV 电源通过穿墙绝缘子引入第二层 66kV 侧，通过 SF_6 手车组合式开关后送到变压器室。若为两台主变时，通过上母线送至另一台主变。66kV 侧设置单面操作通道，考虑66kV手车柜的操作维护的方便性，操作通道宽为 3500mm。电流互感器采用穿墙式兼作穿墙套管。

变压器室设在第一层，落地式布置采用穿墙套管进出线方式，10kV 配电室也设在第一层，采用手车式开关柜。对面布置方式中间为操作通道，两侧是维护通道，操作通道考虑两面有开关设备，其操作通道宽度设为3000mm，维护通道宽度为1540mm。两面柜之间通过封闭母线桥连接。

第三节　屋外配电装置

根据电气设备和母线的布置高度，屋外配电装置可分为低型、中型、半高型和高型等。

在低型和中型屋外配电装置中，所有电气设备都装在地面设备支架上。低型的主母线一般都由硬母线组成，而母线与隔离开关基本布置在同一水平面上。中型配电装置大多采用悬挂式软母线，母线所在水平面高于电气设备所在水平面，但近年来硬母线采用日益增多。在半高型和高型屋外配电装置中，电气设备分别装在几个水平面内，并重叠布置。凡是将一组母线与另一组母线重叠布置的，称为高型配电装置。如果仅将母线与断路器、电流互感器等重叠布置，则称为半高型配电装置。高型布置中母线、隔离开关位于断路器之上，主母线又在母线隔离开关之上，整个配电装置的电气设备形成了3层布置，而半高型的高度则处于中型和高型之间。

我国目前采用最多的是中型配电装置，近年来高型配电装置的采用也有所增加，而高型由于运行、维护、检修都不方便，只是在山区及丘陵地带，当布置受到地形条件限制时才采用。

一、屋外高压配电装置的若干问题

1. 母线及构架

屋外配电装置的母线有软母线和硬母线两种。软母线为钢芯铝绞线、扩径软管母线和分裂导线，三相呈水平布置，用悬式绝缘子悬挂在母线构架上。硬母线常用的有矩形、管形和组合管形。矩形用于35kV及以下的配电装置中，管形则用于66kV及以上的配电装置中。管形母线一般安装在支柱式绝缘子上，母线不会摇摆，相间距离可缩小，与剪刀式隔离开关配合可节省占地面积；管形母线直径大，表面光滑，可提高电晕起始电压。

屋外配电装置的构架，可由型钢或钢筋混凝土制成。钢构架强度大，可以按任何负荷和尺寸制造，便于固定设备，抗震能力强，运输方便，但金属消耗量大，需要经常维护。钢筋混凝土构架可以节约大量钢材，也可以满足各种强度和尺寸的要求，经久耐用，维护简单。以钢筋混凝土环形和镀锌钢梁组成的构架，兼有二者的优点，目前，已在我国220kV以下的各种配电装置中广泛使用。

2. 电力变压器

变压器基础一般制成双梁型并辅以铁轨，轨距等于变压器的滚轮中心距。单个油箱油量超过1000kg以上的变压器，按照防火要求，在设备下面需设置储油池或挡油墙，其尺寸应比设备外廓大1m，储油池内一般铺设厚度不小于0.25m的卵石层。

主变压器与建筑物的距离不应小于1.25m。当变压器油量超过2500kg以上时，两台变压器之间的防火距离不应小于5～10m，如布置有困难，应设防火墙。

3. 电器的布置

按照断路器在配电装置中所占据的位置，可分为单列、双列和三列布置。断路器的排列方式，必须根据主接线、场地地形条件、总体布置和出线方向等多种因素合理选择。

断路器有低式和高式两种布置。低式布置的断路器安装在 0.5～1m 的混凝土的基础上，其优点是检修比较方便，抗震性能好，但低式布置必须设置围栏，因而影响通道的畅通。高式布置断路器安装在高约 2m 的混凝土基础上，基础高度应满足：①电气支柱绝缘子最低裙边的对地距离为 2.5m；②电气间的连线对地距离应符合 C 值的要求。

避雷器也有高式和低式两种布置。110kV 以上的阀型避雷器由于器身细长，多落地安装在 0.4m 的基础上。110kV 及以下的氧化锌避雷器形体矮小，稳定度好，一般采用高式布置。

4. 电缆和通道

屋外配电装置中电缆沟的布置，应使电缆所走的路径最短。一般横向电缆沟布置在断路器和隔离开关之间。大型变电所的纵向电缆沟，因电缆量多，一般分为两路。采用弱电控制和晶体管继电保护时，为了抗干扰，要求电缆沟采用辐射型布置。

二、屋外配电装置实例

屋外配电装置的结构形式与主接线、电压等级、容量、重要性以及母线、构架、断路器和隔离开关的类型都有密切关系。和屋内配电装置一样，必须注意合理布置，并保证电气安全净距，同时还应考虑带电检修的可能性。

图 7－4 所示为 66kV 外桥接线全户外中型布置的配电装置。除变压器之外所有电器都布置在 2～2.7m 的基础上。

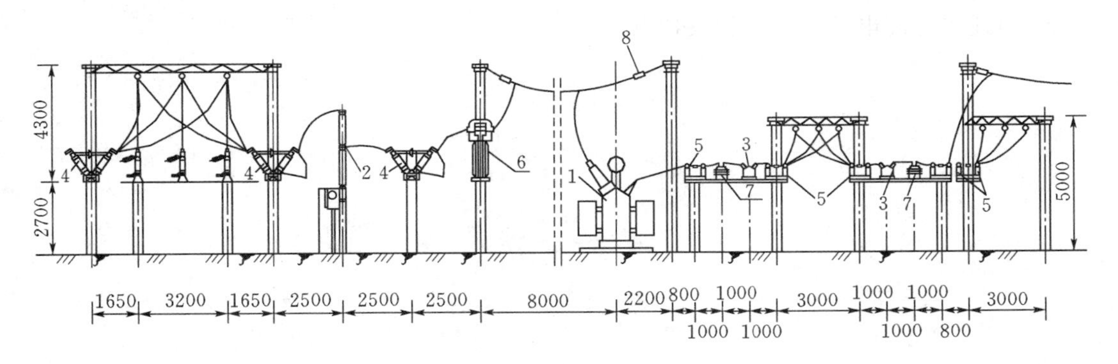

图 7－4　全户外式中型布置的配电装置

1—电力变压器；2—SF_6 断路器；3—真空断路器；4、5—隔离开关；
6、7—电流互感器；8—棒型悬式绝缘子

图 7－5 所示为 35～66kV 高型配电装置布置形式，其特点是将不同电压等级的两组母线及其隔离开关上下层叠布置，电源可从两侧进线。因此，可大大缩小占地面积，从而使投资减少。但是，检修条件较中型布置稍差，特别是带电检修有一定困难。高型布置在地少人多地区及场地面积受到限制的工程中得到广泛应用。

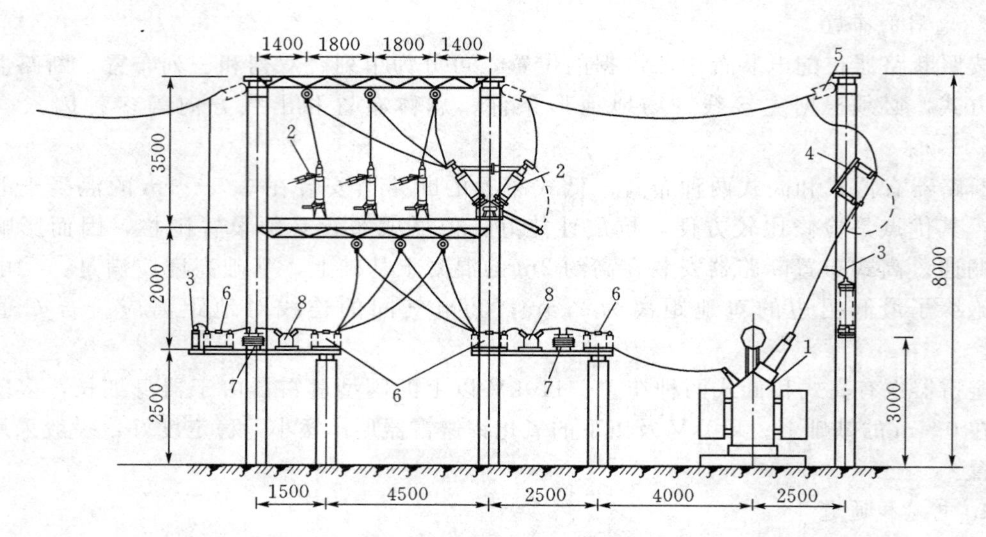

图 7-5　全户外式高型布置的配电装置

1—电力变压器；2—高压隔离开关；3—避雷器；4—熔断器；5—棒型悬式绝缘子；6—隔离开关；7—电流互感器；8—真空断路器

思　考　题

1. 对配电装置的基本要求是什么？
2. 试述最小安全净距的定义及其分类。
3. 试述屋内配电装置的特点及布置原则。
4. 配电装置中什么情况下要加装母线补偿器？为什么？
5. 简述屋外配电装置的分类及特点。

第八章　接　地　装　置

电气设备的任何部分与土壤间作良好的电气连接，称为接地。与土壤直接接触的金属体或金属体组，称为接地体或接地极。接地体按结构可分为自然接地体和人工接地体；按形状可分为管形接地体和带形接地体等。连接接地体与电气设备之间的金属导线，称为接地线。接地线可分为接地干线和接地支线。接地体和接地线合称为接地装置。

处于电力系统中的电气设备，为了达到不同的目的而采取相应的接地措施，可分为3种：工作措施——为了保证电力系统的正常工作而采取的接地称工作接地，如变压器中性点接地、两线一地接地。

过电压保护接地——过电压保护装置或设备的金属结构，为了泄漏雷电流的接地称为过电压保护接地，或称为防雷接地。

保护接地——将一切正常不带电而由于绝缘损坏有可能带电金属部分接地称为保护接地或称为安全接地。

上述3种情况都要求接地，这是一致的，但是接地所要完成的任务是不同的。要想使接地起到应有的作用就需要采取一定的设备组成接地装置，并使接地装置的接地电阻符合一定的要求。

第一节　保　护　接　地

一、保护接地的作用

在正常的运行情况下，电气设备的外壳是不带电的，此时人与电气设备的外壳接触不会发生问题。但是，一旦设备的绝缘损坏外壳与一相导体接通，此时若人与电气设备的外壳接触，人体中就会有电流流过，发生触电事故，如图8-1（a）所示。

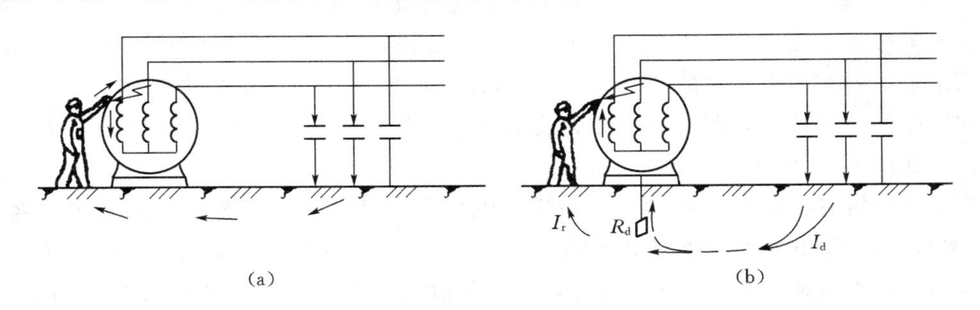

图8-1　人体接触漏电设备外壳

（a）无保护接地措施；（b）有保护接地措施

众所周知，大地是零电位，如果用导线把设备外壳接地，似乎可以认为外壳也成了地电位，人再与带电设备外壳接触就可以避免被电伤的危险。其实这时外壳电位并未降到零，接触外壳仍有危险，不仅如此，如果这时走近电气设备接地点也会有被电伤的危险

（只有当接地的装置符合一定的要求之后才能消除这种危险），为什么呢？如图 8－1（b）所示，即流过人体的电流为

$$I_{rt} = I_d \frac{R_d}{R_{rt} + R_j + R_d} \quad (8-1)$$

式中 I_d——单相接地电流；

R_d——保护接地装置的电阻；

R_j——脚与地面的接触电阻；

R_{rt}——人体电阻。

从式（8－1）可见，通过人体的电流与 I_d、R_d、R_j、R_{rt} 等有关，其中 R_{rt} 与人的皮肤表面和所处条件有关。如人体皮肤处于干燥无损伤的状态。$R_{rt}=4\times10^4\sim110\times10^4\Omega$，而皮肤有伤口潮湿状态。$R_{rt}$ 可降到 1000Ω。因此在最恶劣的情况下人接触的电压只要达到 0.05×1000＝50V，即有致命危险，增加 R_j 可减少一定的人体电流。但是起主要作用的是电阻 R_d，R_d 越小，流过人体的电流越小，可见适当地选择 R_d 值，即可免除人触电的危险，达到安全的目的，所以称其为保护接地。

其实触电对人体的损害程度并不直接决定于电压，而是主要取决于流过人体电流的大小和触电时间的长短及电流的频率。在工频电流的作用下通过人体电流的允许值和时间的关系在 0.03～3s 的范围时可用下式表示：

$$I_{rt} \leqslant \frac{165}{\sqrt{t}} \quad (\text{mA}) \quad (8-2)$$

此式说明当时间为 1s 时通过人体的电流在 165mA 以上将造成死亡。

实际分析指出，50mA 以上的工频电流较长时间通过人体就会引起呼吸麻痹形成假死，如不及时进行抢救就可能发生不可逆事件。

二、接触电压和跨步电压

当电气设备一相绝缘损坏而与外壳相碰发生接地短路时，电流通过接地体向大地做半球形散开，形成电流场，如图 8－2 所示。在半球形的球面上，距接地体越远的地方，面积越大，电阻越小，电位愈低。试验证明，在距接地体或碰地处 15～20 m 以外的地方，实际上电阻接近于零，几乎不再有电压降。也就是说，该处的电压已接近于零。这电位等于零的地方，就称为电气上的“地”。通常所说的对地电压，就是指带电体与电气上所指的“地”之间的电位差，在数值上等于接地电流与接地电阻的乘积，即 $U_d=R_d I_{jd}$。对地电压曲线如图 8－2 所示。

当接地装置有接地电流通过时，如进入电位分布区并接触接地短路故障的设备外壳（或构架），人体手和脚之间便具有不同的电位差，此电位差便称为接触电压。接触电压一般按人站在距离接地设备 0.8m 的地方，手触及电气设备距地面 1.8m 高的地方时，作用在人体的手与脚之间的电压来计算。

跨步电压是指沿着地中电流的散流方向行走，两脚间的电压。通常是指步距为 0.8m 时两脚间的电压。

人体所承受的接触电压或跨步电压，与通过人体电流的大小、持续时间的长短等多种因素有关，在接地装置的设计和施工时，应将其控制在允许值之下。

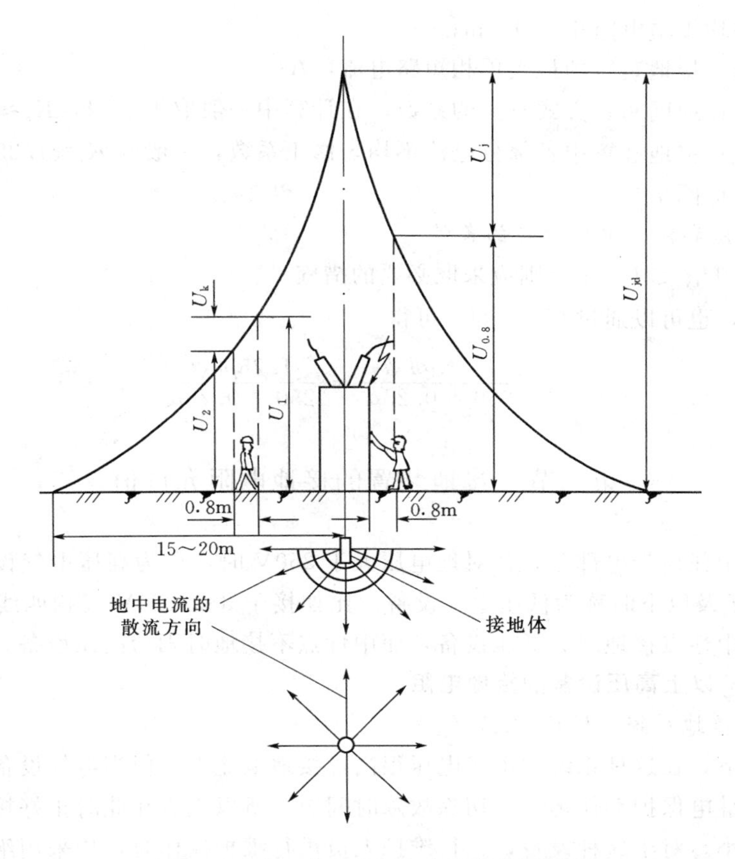

图 8-2　单一接地体地中电流的散流情况

1. 接触电压和跨步电压允许值

在小电流接地系统中

$$\left.\begin{aligned} U_{jy} &= 50 + 0.05\rho \\ U_{ky} &= 50 + 0.2\rho \end{aligned}\right\} \tag{8-3}$$

在大电流接地系统中

$$\left.\begin{aligned} U_{jy} &= \frac{250+\rho}{\sqrt{t}} \\ U_{ky} &= \frac{250+\rho}{\sqrt{t}} \end{aligned}\right\} \tag{8-4}$$

式中　ρ——人脚站立处地面的土壤电阻率，Ω·m；

t——接地短路电流持续时间，s。

2. 最大接触电压 U_{jzd} 和最大跨步电压 U_{kzd} 的计算

最大接触电压

$$U_{jzd} = K_m K_i \rho \frac{I}{l} \tag{8-5}$$

最大跨步电压

$$U_{kzd} = K_s K_i \rho \frac{I}{l} \tag{8-6}$$

式中　ρ——平均土壤电阻率，$\Omega \cdot m$；

I——流经接地装置的最大单相短路电流，A；

K_m、K_s——与接地网布置方式有关的系数，在计算中一般取 $K_m=1$，$K_s \approx 0.1 \sim 0.2$；

K_i——流径接地装置中各部分电流不均匀修正系数，一般取 $K_i \approx 1.25$；

l——接地网全长。

3. 接触电压和跨步电压满足的条件

$U_{jy} \geqslant U_{jzd}$，$U_{ky} \leqslant U_{kzd}$；否则应采取必要的措施。

在实际中，也可以通过 $U_{jg} \geqslant U_{jzd}$ 可得

$$l \geqslant \frac{K_m K_i \rho I \sqrt{t}}{250 + 0.25\rho_s} = \frac{1.25\rho I \sqrt{t}}{250 + 0.25\rho_s} \tag{8-7}$$

第二节　接地装置的接地电阻允许值

电气设备中任何带电部分，凡对地电压大于250V时，称为高压电气设备。反之，对地电压在250V及以下时称为低压电气设备。比如接于380/220V三相四线制系统的电气设备，当系统中性点接地时为低压设备，而中性点不接地时则为高压设备。

一、1000V以上高压设备的接地电阻

1. 大电流接地系统（$I \geqslant 500A$）

一般情况下，在这种系统中虽然电压很高，接地电流大，但当电气设备绝缘损坏发生单相短路时，继电保护动作迅速，切除故障时间短，所以人员在此时正好接触电气设备外壳的概率却很小。对于这种设备，运行维护人员进行维护操作时，均采用绝缘靴、绝缘台和绝缘手套等保护工具，于是产生的危险性更小。因此，《电力设备接地设计规程》规定，单相接地时，接地电位不得超过2000V，相应的接地电阻为

$$R_{jd} = \frac{2000}{I_{jd}} \quad (\Omega) \tag{8-8}$$

式中　I_{jd}——系统发生单相接地短路时，经大地流过接地体的电流，A。

当 $I_{jd} > 4000A$ 时，接地装置的接地电阻在一年内任何季节不应超过 0.5Ω；即 $R_{jd} \leqslant 0.5\Omega$。对高土壤电阻系数地区，接地电阻允许提高，但不应该超过 5Ω，并且必须对可能将接地网的高电位引向厂、站外的或将低电位引向厂、站内的设施采取电的绝缘措施。

2. 小电流系统（$I < 500A$）

由于在小电流接地系统发生单相接地短路时，并不要求继电保护动作于跳闸切除故障，而是允许继续运行一段时间（一般为2h）。因此，工作人员接触故障设备外壳的概率较大。所以将接地电压规定得较低。《电力设备接地设计技术规程》规定，接地电位和接地电阻在一年内任何季节都不允许超过以下数值：

（1）高、低压设备共用的接地装置由于考虑接地的并联回路较多，一般规定接地电压不得超过120V，即

$$R_{jd} \leqslant \frac{120}{I_{jd}} \ (\Omega) \leqslant 10\Omega \tag{8-9}$$

（2）高压设备单独的接地装置，规定接地电压不得超过250V，即

$$R_{jd} \leqslant \frac{250}{I_{jd}} \ (\Omega) \leqslant 10\Omega \tag{8-10}$$

上述规定的不同是考虑在低压装置中人与电气设备接触的机会比较多而定的。对于高土壤电阻系数地区，R_{jd}允许提高，但不应超过：发、变电所15Ω，其余30Ω。

二、1000V以下低压设备的接地电阻

1. 中性点直接接地系统

对于发电机或变压器的工作接地，要求$R_{jd} \leqslant 4\Omega$；零线上的重复接地，要求$R_{jd} \leqslant 10\Omega$。

2. 中性点不直接接地系统

当发生单相接地短路时，通常不会产生很大的短路电流。经验证明，最大不超过15A。如将电阻限制在$R_{jd} \leqslant 4\Omega$以内，则对地电压就可限制在$4 \times 15 = 60$（V）。所以，一般情况下要求$R_{jd} \leqslant 4\Omega$。当发电机或变压器容量小于100kVA时，由于发电机及变压器的内阻较大，产生的接地短路电流也不可能很大，所以接地电阻可取$R_{jd} \leqslant 10\Omega$。

对1000V以下的低压设备，在高土壤电阻系数地区，R_{jd}允许提高，但不应超过30Ω。

三、两线一地制系统的接地装置

因在这种系统中，无论是相间短路还是正常运行，都有持续的地中电流流过接地体，所以《规程》规定对相间短路电流小于500A的系统，最高电位不得超过50V，即接地装置的接地电阻为

$$R_{jd} = \frac{50}{I_{zd}} \ (\Omega) \tag{8-11}$$

式中 R_{jd}——接地电阻，Ω；

I_{zd}——正常运行时最大负荷电流，A。

对于相间短路电流大于500A的系统，接地电阻应满足$R_{jd} \leqslant 0.5\Omega$。

第三节 接地装置的布置

发电厂和变电站的接地装置按结构可分为人工接地体和自然接地体。

在布置发电厂与变电站接地装置时，首先应保证无论施工或运行，在一年中的任何季节，接地电阻都应不大于允许值；同时保证工作区域内电位分布较均匀，以使接触电压和跨步电压在安全值以下；其次，应充分利用自然接地体，以便降低工程造价。

人工接地体是由水平接地体和垂直接地体所组成。垂直接地体一般由长度为2～3m的钢管或角钢构成，接地装置导体截面应满足规定要求下，考虑金属在地中的腐蚀作用，钢管厚度不小于3.5mm，角钢厚不小于4mm。一般角钢常采用50mm×50mm×5mm及40mm×40mm×4mm的尺寸，钢管外径用48～60mm，为了减少棒间或带间的屏蔽作用，棒间或带间距离不应小于2.5～3m。

垂直接地体的数目由计算来决定，但最少不少于两根。垂直接地体由水平放置的圆钢

或扁钢来连接，成为地下接地图。为了防锈蚀，圆钢或扁钢的截面要求不得少于 48mm²，扁钢厚度不少于 4mm²。

为了降低工程造价，应充分利用自然接地体。用来作为自然接地体的有：上下水的金属管道；与大地有可靠连接的建筑物和构筑物的金属结构；敷设于地下而其数量不少于两根的电缆金属包皮及敷设于地下的各种金属管道（输送易燃易爆气体或液体的除外），将其与人工接地体相连。

自然接地体的接地电阻值可由实测得出。

敷设了接地装置的电气设备比没敷设接地装置的电气设备要安全，但是如果接地装置布置得不好，仍会有触电的危险。

比如，在图 8-2 所示的单根接地体或外引式接地体，电位的分布明显是不均匀的，人体如处在电位分布区内的时候，仍不免要受到触电的危险。因此，必须要合理地布置接地体。

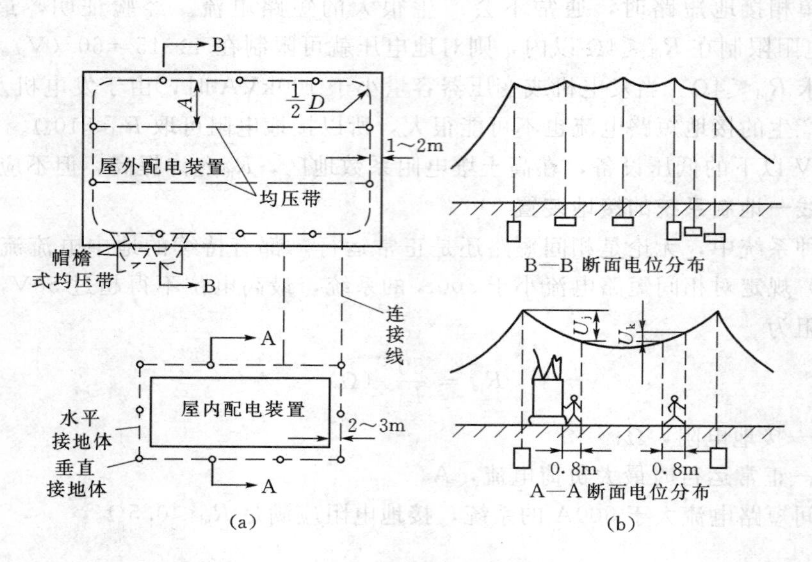

图 8-3 环路式接地装置

(a) 环路式接地网的平面布置；(b) 接地网地面电位分布断面

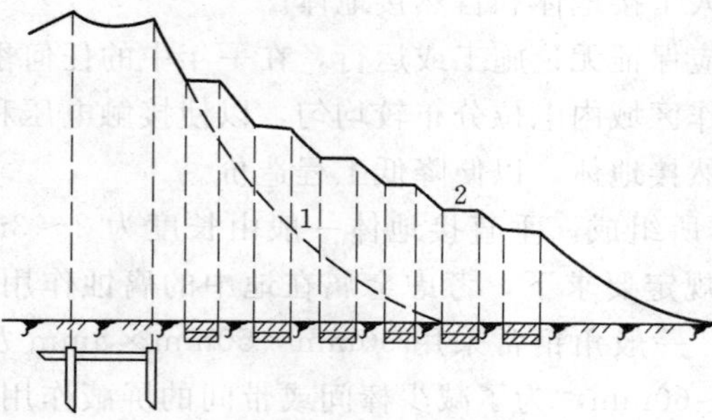

为了克服单根接地体或外引式接地体的缺点，发电厂和变电所的接地装置都是布置成环路式接地体，如图 8-3 所示，外线各角圆弧的半径一般不应小于均压带间距的一半。对于经常有人走动的配电区域入口处，可以进一步采取措施降低跨步电压，通常在该处地下不同深度埋设两条与接地网相连的“帽檐式”为均压带或铺设砾石、沥青路面。从图 8-3 中可以看出，接地体内部电位的分布是比较均匀的，但

图 8-4 环路式接地体附近的电位分布

1—地面电位降；2—沿汇流钢条的电位降

是接地体外部的电位分布仍不均匀，为了使接地体外部的电位分布也比较均匀，可以在环路式接地体外敷设一些与接地体没有连接关系的扁钢，这样，接地体外的电位分布就比较均匀了，如图 8－4 所示。

接地线与接地体的连接宜用焊接，接地线与设备外壳的连接，可用螺栓连接或焊接。用螺栓连接时，应设防松螺帽或防松垫片。

电气设备应采用单独的接地线，不允许一个接地线上串联数个电气设备。

第四节　接地装置的计算

一、经大地流过接地体的电流 I_{jd} 的计算

经大地流过接地体的电流大小与接地电阻值 R_{jd}、短路点发生的位置及电力系统的接线等方式有关。举例说明如下。

1. 大电流系统

（1）对于两座并联运行的变电站，当某一变电站如甲站发生短路时，如图 8－5 所示，经接地网流入大地的电流为

$$I_{jd}=I_d-I_z-I_{BLX}=(I_d-I_z)(1-K_{f1}) \tag{8-12}$$

式中　I_d——单相接地短路电流，A；

I_z——变电站内发生单相接地短路时，流经该站中性点的电流，A；

K_{f1}——变电站内短路时，避雷线的工频分流系数。

（2）当在变电站外发生单相接地短路时，如图 8－6 所示，经接地体流过大地的电流为

$$I_{jd}=I_z-I_{BLX}=I_z(1-K_{f2}) \tag{8-13}$$

式中　I_z——变电站外发生单相接地短路时，流经该站中性点的电流，A；

K_{f2}——变电站外发生单相接地短路时，避雷线的工频分流系数。

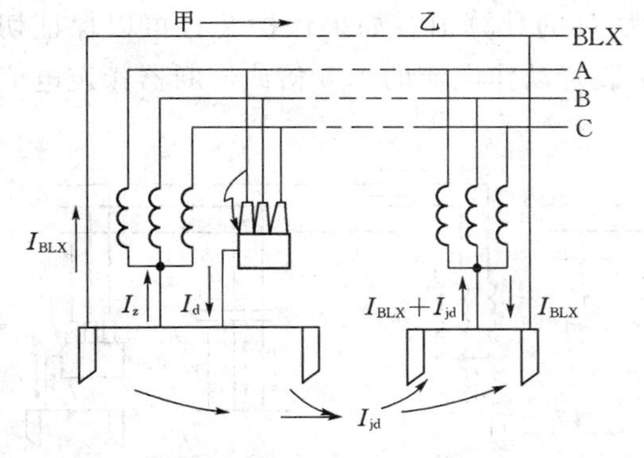

图 8－5　系统接线对接地电流的影响

BLX—避雷线

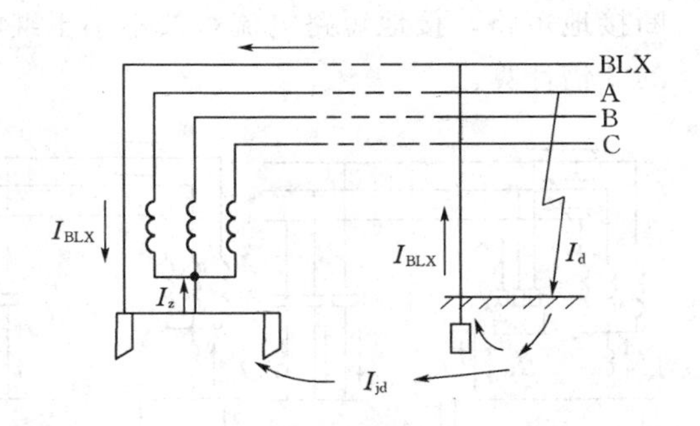

图 8－6　在变电站外发生单相短路

2. 小电流系统

（1）在中性点不接地系统中，发生单相接地时，经大地流过接地体的电流可按下列各式计算。

对架空线路 $$I_{jdj}=\frac{U_eL_j}{350}\quad (A) \tag{8-14}$$

式中 I_{jdj}——架空线路发生单相接地时，经大地流过接地体的电流，A；

U_e——线路的额定线电压，kV；

L_j——架空线路长度，km。

对电缆线路

$$I_{jdl}=\frac{U_eL_l}{10}\quad (A) \tag{8-15}$$

式中 I_{jdl}——电缆线路发生单相接地短路时，经大地流过接地体的电流，A。

对既有架空线路又有电缆线路的变电站

$$I_{jd}=\frac{U_e(35L_l+L_j)}{350}\quad (A) \tag{8-16}$$

(2) 在中性点经消弧线圈接地的系统中：

1) 接地故障点发生在装设消弧线圈的变电站的接地设备上，如图8-7(a)所示。这种情况，既可以按式(8-16)来计算，也可以由消弧线圈的额定电流 I_{exh} 来推算接地电容电流 I_c。

$$I_{jd}=1.25I_{exh}\quad (A) \tag{8-17}$$

2) 接地故障点发生在装设消弧线圈的变电站外，如图8-7(b)所示，当已知消弧线圈的额定电流 I_{exh} 时，I_{jd} 可由下式计算

$$I_{jd}=I_{exh}\quad (A) \tag{8-18}$$

3) 接地故障点发生在未装设消弧线圈的变电站中，如图8-7(c)所示，I_{jd} 可由下式计算

$$I_{jd}=I_c-I_{xh}\quad (A) \tag{8-19}$$

在用以上各式进行计算时，应取切断最大一台消弧线圈时该系统可能发生的残余接地短路电流来计算，如小于30A，则应取30A作为 I_{jd} 的计算值。如果保护装置可以保证切断接地短路，接地短路电流可按不小于继电保护装置动作电流的1.5倍或熔断器额定电流的3倍计算。

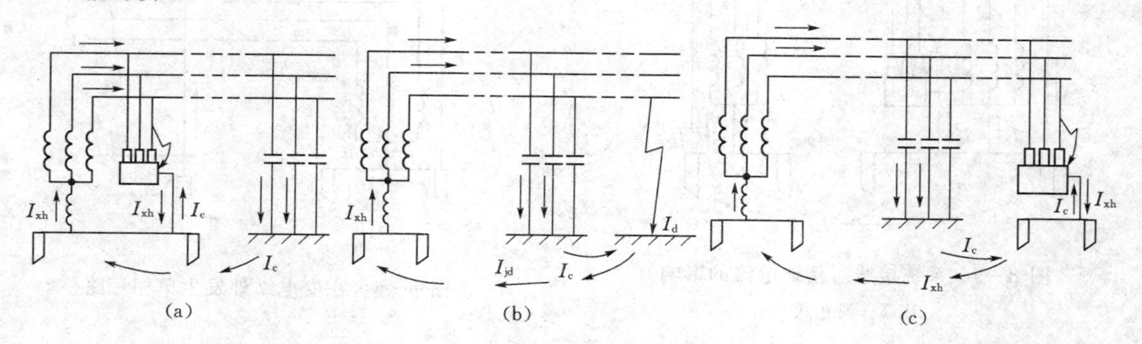

图8-7 装有消弧线圈系统的短路电流分布

(a) 接地故障发生在接有消弧线圈的变电站内；(b) 接地故障发生在接有消弧线圈的变电站外；(c) 接地故障发生在未装设消弧线圈的变电站中

二、土壤电阻率的确定

土壤电阻的大小一般以土壤电阻率来表示。土壤电阻率根据土壤性质、含水量、温度、化学成分、物理性质等情况的不同而有所变化。因此在设计时要根据地质情况，并考虑到季节影响，选取其中最大值作为设计依据。

影响土壤电阻系数的主要因素有下列几个。

1. 土壤性质

土壤性质对土壤电阻率的影响最大。不同性质的土壤，其电阻率甚至相差几千到几万倍。不同性质的土壤电阻率是不同的。

2. 含水量

含水量对土壤电阻率的影响，不仅随着土壤种类不同而有所不同，而且与所含的水质也有关系，如表 8-1 所示。

表 8-1　根据土壤情况决定的土壤电阻率

名称	含 水 量	土壤电阻率（Ω·m）
碎石、砾石		5000
沙子	干的	1000～2500
黄土	干的（湿的）	250（100～200）
含沙黏土	含有 75%水分（按重量计）	250
黑土	湿的	30～100
黏土		60
沙质黏土		100
砂土		300
陶土	含有 20%水分（按体积计）	30～100
园土		50

3. 温度

当土壤温度在 0℃及以下时，电阻率会突然增加，因此一般都将接地体放在冰冻层以下，以避免产生很高的流散电阻。

4. 化学成分

当土壤中含有酸、碱、盐成分时，电阻率会显著下降。一般就是利用这种特性来改善土壤的。

5. 物理性质

土壤中的物理因素可使电流密度分布的情况发生改变，一般来说，土壤本身及与接地体接触越紧密，电阻系数就越低。因此，经常采用将管形接地体打入地下的方法。

当地土壤电阻率最好要有实测数据，并需说明实测时的季节、日期以及实测前土壤是否潮湿及落雨量大小的情况。如当地土壤电阻率较高，则应了解附近有无土壤电阻率较低的地方，是否有水源，如河、溪、湖及井等。如有土壤电阻率较低的地方或有水源时，则应取得其电阻率资料。如根据地质勘测资料，在所设计地区内土壤的性质变化较大，则在不同的土壤地区应分别测得土壤电阻率的数据。如在设计前无法取得实测资料，比如新建地区，当地缺乏该项资料，而且在设计前又无法取得实测资料时，可根据地质勘测中的土壤性质，按表 8-1 所示的数据作初步估计，在设计时并应留有余地，有增设接地体的可能。同时在施工后要进行测量，如与原估计土壤电阻率有出入时，应根据实测资料计算而得的结果补充接地体或采取其他有效措施。

由于影响土壤电阻率的因素很多，因此在设计时最好选用实测的数值。因为测量时的具体情况不同，土壤电阻率也有所不同。为了能使测量所得的值反映最不利情况时的土壤电阻率，必须将所测得的土壤电阻率 ρ_0 通过季节修正系数 φ 进行修正。

$$\rho = \varphi\rho_0 (\Omega \cdot m) \tag{8-20}$$

式中　φ——季节修正系数（见表 8-2）；

　　ρ_0——实测土壤电阻率，Ω·m。

表 8-2　　　　季 节 修 正 系 数

土壤性质	深度（m）	φ_1	φ_2	φ_3
黏土	0.5～0.8	3	2	1.5
黏土	0.8～3	2	1.5	1.4
陶土	0～3	2.4	1.36	1.2
砂砾盖及陶土	0～2	1.8	1.2	1.1
园地	0～2	—	1.32	1.2
黄沙	0～2	2.4	1.56	1.2
杂以黄沙的砂	0～2	1.5	1.3	1.2
砾	0～2	1.4	1.1	1.0
泥炭	0～2	2.5	1.51	1.2
石灰石	0～2			

注　φ_1—测量前数天下过较长时间的雨时用之；
φ_2—在测量时土壤具有中等含水量时用之；
φ_3—测量时土壤干燥或测量前降雨不大时，即可能为全年最高电阻时用之。

三、接地体的接地电阻计算

在进行接地体的接地电阻计算时，首选自然接地体。

1. 自然接地体的接地电阻

当埋在地下的自然接地体的长度在2km以内的，则可按式（8-21）计算

$$R_z = \frac{\rho}{2\pi l}\ln\frac{l^2}{2rh} \quad (\Omega \cdot m) \tag{8-21}$$

式中　R_z——自然接地体的接地电阻，Ω；
r——管道外半径，m；
h——接地体几何中心埋深，m；
l——接地体长度，m；
ρ——土壤电阻率，Ω·m。

因为水管的接地电阻计算起来很复杂，而且也不易准确，为了简化起见，根据实测结果，当土壤电阻率为100Ω·m时，水管的流散电阻见表8-3。当土壤电阻率为其他数值的，应先乘以一个修正系数，如表8-4所示。

表 8-3　当土壤电阻率为100Ω·m时水管的流散电阻值

管径	接地电阻值（Ω）	
	长度在1000m及以下	长度超过1000m均按下值计算
$1\frac{1}{2}$～2	0.37	0.27
$1\frac{1}{2}$～3	0.27	0.22
4～6	0.22	0.18

表 8-4　　　水管接地电阻修正系数表

土壤电阻系数（Ω·m）	30	50	60	80	100	120	150	200	250
修正系数	0.54	0.7	0.75	0.89	1	1.12	1.25	1.47	1.65

2. 人工接地体

当自然接地体的电阻不能满足允许值时，必须采用人工接地体。人工接地体的接地电阻 R_r 可由下式确定，即

$$R_r = \frac{R_z R_y}{R_z - R_y} \quad (\Omega) \tag{8-22}$$

对于大电流接地系统，则不论自然接地体的接地电阻如何，仍装设人工接地体，其接地电阻值不能大于 1Ω。

(1) 单根棒形垂直接地体的扩散电阻

对于钢管 $$R_c = \frac{\rho}{2\pi l}\ln\frac{4l}{d} \tag{8-23}$$

对于等边角钢 $$R_c = \frac{\rho}{2\pi l}\ln\frac{4l}{0.84d} \tag{8-24}$$

对于不等边角钢 $$R_c = \frac{\rho}{2\pi l}\ln\frac{2l}{0.515d} \tag{8-25}$$

对于槽钢 $$R_c = \frac{\rho}{2\pi l}\ln\frac{2l}{d} \tag{8-26}$$

$$r = 0.469\sqrt{b^2h^3(b^2+h^2)^2}$$

式中 d——管子的直径，cm；

b——等边角钢或槽钢的边长，或不等边角钢的较小边长，cm；

ρ——土壤电阻率，Ω·cm；

h——槽钢高度，cm。

在工程实际中，为了简化计算，把各种垂直接地体的扩散电阻计算采用系数法求解，即

$$k_j = k_j\rho$$

式中 k_j——各种单根垂直接地体的简化计算系数，见表 8-5。

(2) 单根水平埋设接地体的扩散电阻

$$R_s = \frac{\rho}{2\pi l}\ln\frac{2l^2}{bh} \quad (扁钢) \tag{8-27}$$

$$R_s = \frac{\rho}{2\pi l}\ln\frac{l^2}{2rh} \quad (圆钢) \tag{8-28}$$

式中 b——扁钢宽度，cm；

r——圆钢半径，cm；

l——接地体长度，cm；

ρ——土壤电阻率，Ω·cm；

h——埋设深度，cm。

表 8-5 单根垂直接地体的简化计算系数 k_j 值

材料	规格（mm）	直径或等效直径	k_j 值
钢管	φ50	0.06	0.30
	φ40	0.048	0.32
角钢	40×40×4	0.0336	0.34
	50×50×5	0.042	0.32
圆钢	φ20	0.02	0.37
	φ15	0.015	0.39

(3) 构成环形回路的水平埋设接地体的扩散电阻（其长矩边之比不超过 3 倍的长方形）

扁钢 $$R_s = \frac{\rho}{2\pi l}\ln\frac{8l^2}{\pi bh} \quad (8-29)$$

圆钢 $$R_s = \frac{\rho}{2\pi l}\ln\frac{2l^2}{\pi rh} \quad (8-30)$$

式中 b——扁钢宽度，cm；

r——圆钢半径，cm；

l——接地体长度，cm；

ρ——土壤电阻率，Ω·cm；

h——埋设深度，cm。

（4）n 根垂直钢管或钢棒的总扩散电阻

$$R_{\Sigma C} = \frac{R_c}{n\,\eta_c} \quad (8-31)$$

式中 R_c——单根垂直接地体的扩散电阻，Ω；

n——接地体数目；

η_c——考虑到多根接地体间的屏蔽作用而设置的利用系数，见表8-6。

表8-6 敷设成一行的管形接地体的利用系数 η_c（未计入连接扁钢的影响）

管子间的距离与管子长度之比 α/l	管子根数 n	利用系数 η_c	管子间的距离与管子长度之比 α/l	管子根数 n	利用系数 η_c
1	2	0.84～0.87	1	10	0.56～0.62
2	2	0.90～0.92	2	10	0.72～0.77
3	2	0.93～0.95	3	10	0.79～0.83
1	3	0.76～0.80	1	15	0.51～0.56
2	3	0.85～0.88	2	15	0.66～0.73
3	3	0.90～0.92	3	15	0.76～0.80
1	5	0.67～0.72	1	20	0.47～0.50
2	5	0.79～0.83	2	20	0.65～0.70
3	5	0.85～0.88	3	20	0.74～0.79

（5）在水平埋设接地体上连有棒形垂直接地体时，水平接地体的扩散电阻

$$R'_s = \frac{R_s}{\eta_s} \quad (8-32)$$

式中 R_s——单根水平接地体的扩散电阻；

η_s——水平接地体的利用系数，这是考虑水平接地体和接地棒间的屏蔽作用，见表8-7。

（6）由接地棒及水平接地体所组成的复式接地装置的扩散电阻

$$R_f = \frac{1}{\dfrac{1}{R_{\Sigma C}} + \dfrac{1}{R_s}} = \frac{1}{\dfrac{n\eta_c}{R_c} + \dfrac{\eta_s}{R_s}} \quad (8-33)$$

对于一般以接地棒为主的接地装置，在计算中可以不单独计算水平接地体的接地电

阻，考虑到它的作用，一般接地棒可减少10%左右，因此可根据接地电阻要求值求出接地棒的数值，如下式：

$$n \geqslant \frac{0.9R_c}{R_y \eta_c} \tag{8-34}$$

式中 R_y——接地电阻的要求值；

R_c——单根垂直接地体的扩散电阻；

η_c——考虑到多根接地体间的屏蔽作用而设置的利用系数。

表 8-7　敷设成环形的管形接地体的利用系数 η_c（未计入连接扁钢的影响）

管子间的距离与管子长度之比 a/l	管子根数 n	利用系数 η_c	管子间的距离与管子长度之比 a/l	管子根数 n	利用系数 η_c
1	4	0.66～0.72	1	40	0.28～0.44
2	4	0.76～0.80	2	40	0.55～0.61
3	4	0.84～0.86	3	40	0.64～0.69
1	6	0.58～0.65	1	60	0.36～0.42
2	6	0.71～0.75	2	60	0.52～0.58
3	6	0.78～0.82	3	60	0.62～0.67
1	10	0.52～0.58	1	100	0.33～0.39
2	10	0.66～0.71	2	100	0.49～0.55
3	10	0.74～0.78	3	100	0.59～0.65
1	20	0.44～0.50	1	120	0.30～0.36
2	20	0.61～0.66	2	120	0.46～0.52
3	20	0.68～0.73	3	120	0.52～0.62

四、热稳定校验

在一般情况下，由于接地体的面积较大，所以不必进行热稳定的校验。但对于1kV以上的大电流系统，单相接地电流值比较大，有产生的热量超过容许发热范围的可能性，所以在选择接地线时，还必须进行热稳定校验。

对于钢导体，可用下式校验其稳定性，即

$$S \geqslant \frac{I_d}{70}\sqrt{t} \quad (\text{mm}^2) \tag{8-35}$$

式中 S——接地线的最小截面，mm^2；

I_d——流过接地线的短路电流值（按5～10年发展规划，按系统最大运行方式确定），A；

t——短路的切除时间，s。

五、计算举例

设计某110/10kV变电所的保护接地装置，其接地布置如图8-8所示。

1）110kV中性点直接接地，10kV中性点不接地，所内变中性点接地。

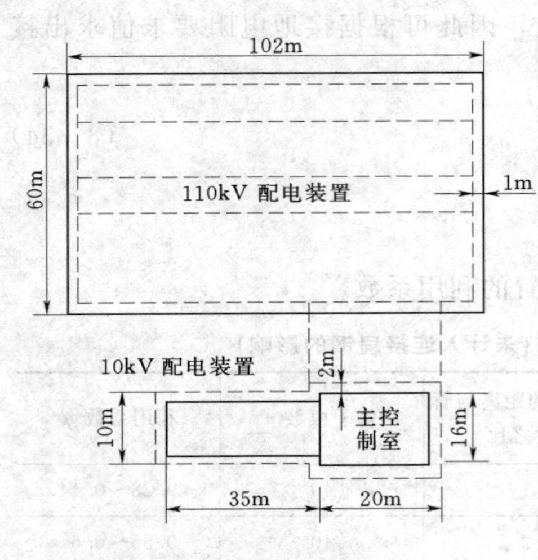

图 8-8　接地布置

2）110kV 侧单相短路电流起始值 $I''=5\text{kA}$，短路电流持续时间 $t=0.2$。

3）土质为砂质黏土，8 月测定的土壤电阻率为 $0.8\times10^4\Omega\cdot\text{cm}$。

4）10kV 侧电缆的直埋部分长度约为 1.5km，即（EQ_2—150）10kV 电网长 30km。

5）变电所各级电压配电装置考虑使用一个接地装置。

根据上述条件设计接地网

解： 1. 首先确定接地电阻

110kV 为大电流接地系统，其接地电阻要求值为 $R_{jd}\leqslant0.5\Omega$

10kV 侧中性点不接地，其计算接地电容电流为

$$I_{jd}=\frac{U(35L_l+L_j)}{350}=\frac{10\times(35\times1.5+28.5)}{350}=2.31(\text{A})$$

故接地电阻要求值为　$R_{jd}\leqslant\dfrac{120}{I_{jd}}=\dfrac{120}{2.31}=51.9(\Omega)$

所用变为中性点接地。

其接地电阻要求值　$R_{jd}\leqslant4\Omega$

从以上 3 个要求值，比较其结果，应采用 0.5Ω，即 $R_{jd}\leqslant0.5\Omega$。

2. 接地装置计算

因为 $\rho=\psi\rho_0$，而 $\rho_0=0.8\times10^4\Omega\cdot\text{cm}$，且是在 8 月测得的，即认为土壤中含有水分，所以取 $\psi_2=1.5$（查表 8-2）

则　$\rho=1.5\times0.8\times10^4\Omega\cdot\text{cm}=1.2\times10^4\Omega\cdot\text{cm}$

1）自然接地体接地电阻的计算：

电缆长度 $l=1.5\text{km}$，其型号为 ZQ_2—150 则根据 $R_z=\sqrt{rr_1}\,\text{cth}\left(\sqrt{\dfrac{r_1}{r}}L\right)K$，得

$$R_z=0.38\text{cth}(2.8)\times2.48=0.943(\Omega)$$

$$r=1.699\rho=1.699\times1.2\times10^4\Omega\cdot\text{cm}$$

$$r_1=7.1\times10^{-6}\Omega\cdot\text{cm}(\text{表 8-4 得})$$

$$l=150000\text{cm}$$

$$k=2.48(\text{表 8-5 得})$$

2）L_2 接地体接地电阻的计算：

L_2 接地装置的接地电阻需使其与自然接地并联应达到规定值 0.5Ω，故人工接地电阻为

$$R_r=\frac{R_zR_y}{R_z-R_y}=\frac{0.943\times0.5}{0.943-0.5}=1.06(\Omega)>1(\Omega)$$

因此前面已讲过对于大电流接地系统的接地装置无论自然接地体的情况如何，仍应装设人工接地体，其要求接地电阻不能大于1Ω，$R_r=1\Omega$，由于ρ值不高，故人工接地装置主要以棒形接地体为主，其采用材料为$\phi48$，钢管$l=2.5$m，用20×4扁钢连成环形，其埋入土中深度为0.8m，为了简化计算，不单独计算连接扁钢的电阻值，而利用下式直接求得接地管的数目：

$$n \geqslant \frac{0.9R_c}{R_r \eta_c}$$

因此
$$R_c = \frac{\rho}{2\pi l}\ln\frac{4l}{d} = \frac{1.2\times10^4}{2\pi\times250}\ln\frac{4\times250}{4.8} \approx 40.8(\Omega)$$

R_c为单根垂直接地体的扩散电阻；η_c为接地体的利用系数与接地棒的根数，和$\frac{a}{l}$有关；

即
$$\eta_c = f\left(n\,\frac{a}{l}\right)$$

首先假设管具：$a=7.5$m，则

$$a/L = \frac{7.5}{2.5} = 3$$

又假设 $n=65$

查表8-7得 $\eta_c=0.62$

故
$$n \geqslant \frac{0.9R_c}{R_r\eta_c} = \frac{0.9\times40.8}{1\times0.68} = 54\ (\text{根})$$

从这个结论中可以看出，如果满足$R_{jd}\leqslant0.5$级，垂直接地体的根数最少不得少于54根。

若现采用60根钢管，再次验算接地电阻，接地装置回路总长约为500m，则$a=\frac{l}{n}=\frac{500}{60}=8.3$（m）。

$\frac{a}{l}=\frac{8.3}{2.5}=3.3$，查表8-7得$\eta_c=0.65$

$$R_{zr} = \frac{0.9R_c}{n\eta_c} = \frac{0.9\times40.8}{60\times0.65} = 0.94(\Omega)$$

$$R_{jd总} = R_z//R_r = \frac{0.943\times0.94}{0.943+0.94} = \frac{0.824}{1.817} = 0.47(\Omega) < 0.5(\Omega)$$

110kV侧由于单相接地电流比较大，必须校验接地母线热稳定。

$$S = \frac{I_{jd}}{70}\sqrt{t}$$

$$I_{jd} = 5000, t = 0.2$$

$$S = \frac{5000}{70}\sqrt{0.2} = 32(\text{mm}^2) < 80(\text{mm}^2)$$

可见接地母线及接地导线采用20×4扁钢可以满足要求。

第五节　导泄雷电流的接地装置

一、变电所防直击雷保护的若干问题

变电所的直击雷保护是由避雷针来完成的，设计避雷针接地网时应注意以下几个问题。

(1) 独立避雷针应有独立的接地装置。对一般土壤地区，其接地电阻不大于 10Ω，该接地装置也可与主接地网相连接，但其连接点至 35kV 及以下设备的接地线入地点，沿接地体的地中距离不得小于 15m。

独立避雷针不应设在人经常通行的地方，避雷针与通路和出入口等的距离不得少于 3m，否则应采取均压措施。

(2) 对于 110kV 及以上的配电装置，不同 ρ 值的接地装置。

若 $\rho \leqslant 1000\Omega \cdot m$ 时，可将避雷针装在配电装置的架构上或房顶上；

$\rho > 1000\Omega \cdot m$ 时，采用独立避雷针保护。

对于 60kV 的配电装置：

若 $\rho \leqslant 500\Omega \cdot m$ 时，允许在配电装置架构或房顶上装设避雷针；

$\rho > 500\Omega \cdot m$ 时，宜用独立避雷针保护。

装在架构上的避雷针除应与接地网连接外，还应在附近加装集中接地装置，由避雷针接地引下线入地点至高压器接地线的入地点，沿接地体的地中距离应不小于 15m。应注意的是，在变压器的门形架构上，不应安装避雷针。

(3) 装有避雷针，线的架构上照明灯的电源线及独立避雷针上的照明灯电源线都必须采用带金属外皮的电缆或将导线穿入金属管内，而这些电缆或金属管埋入地中的长度应在 10m 以上，再与接地装置或低压配电装置相连接。

严禁在装有避雷线、避雷针的构筑物上架设低压线、通信线或广播线。

(4) 为了防止雷电流通过避雷针时，对邻近设备引起反击，要求：

1) 独立避雷针与配电装置导电部分间以及与变电所电气设备和架构接地部分间的空气距离，S 一般不小于 5m。

2) 避雷针的接地装置与变电所最近接地网之间的地中距离 S_d 一般不小于 3m。

二、避雷针接地装置的接地电阻计算

1. 单独接地体的冲击接地电阻

$$R_{ch} = \alpha R$$

式中　R——单独接地体的电阻值，计算方法与 R_c 或 R_s 相同；

α——单独接地体的冲击系数，见表 8-8、表 8-9。

计算中所用的土壤电阻率 ρ 应取雷雨期间最大可能的土壤电阻率值，可由下列关系式来表示：

$$\rho = \rho_y \varphi$$

式中　ρ_y——雷雨季中无雨水时所测得的土壤电阻率，Ω·cm；

φ——考虑电阻率由于大地可能晒干而增大的系数，对于深埋 0.5m 的：水平接地体 $\varphi = 1.4 \sim 1.8$，长 2～3m 的垂直接地体 $\varphi = 1.2 \sim 1.4$。

表 8-8　　垂直接地体的 α 值

土壤电阻率 (Ω·m)	I_{ld} (kA)			
	5	10	20	40
100	0.85～0.90	0.75～0.85	0.6～0.75	0.5～0.6
500	0.6～07	0.5～0.6	0.35～0.45	0.25～0.30
1000	0.45～0.55	0.35～0.45	0.25～0.30	—

注　表中系冲击电流波头为 3～6μs，接地体直径 6cm 以下之值。如 3m 长的接地体取较大数值，2m 长的接地体用较小数值。

表 8-9　　水平环形接地体的 α 值（冲击电流波头 3～6μs）

土壤电阻率 (Ω·m)	100			500			1000		
I_{ld} (kA)	20	40	80	20	40	80	20	40	80
环 D=4m	0.60	0.45	0.35	0.50	0.40	0.25	0.35	0.25	0.20
环 D=8m	0.75	0.65	0.50	0.55	0.45	0.30	0.40	0.30	0.25
环 D=12m	0.80	0.70	0.60	0.60	0.50	0.35	0.45	0.40	0.30

2. 由几个相同的水平射线接地体所组成的接地装置的冲击接地电阻

$$R_{chs} = \frac{R_{ch}}{n}\frac{1}{\eta} \tag{8-36}$$

式中　R_{ch}——每根水平射线的冲击电阻；

η——考虑接地装置各射线相互影响的利用系数。

3. 由水平接地体连接的几个垂直接地体组成的接地装置的冲击接地电阻

$$R_{ch\Sigma} = \frac{\frac{R_{ch\cdot c}}{n}R_{ch\cdot s}}{\frac{R_{ch\cdot c}}{n}+R_{ch\cdot s}}\frac{1}{\eta} \tag{8-37}$$

式中　$R_{ch\cdot c}$——单个垂直接地体的冲击接地电阻；

$R_{ch\cdot s}$——水平接地体的冲击接地电阻；

η——冲击利用系数，见表 8-10。

表 8-10　　各种形式接地装置的冲击利用系数

接地装置形式	接地体个数	冲击利用系数	注
n 条水平射线（每条长 10～80m）	2	0.83～1.0	较小值用于较短的射线
	3	0.75～0.90	
	4～6	0.65～0.80	
以水平接地体连接的垂直接地体	2	0.80～0.85	$\frac{a\text{（间距）}}{l\text{（电极长度）}}=2\sim3$ 较小值用 $\frac{a}{l}=2$ 时
	3	0.70～0.80	
	4	0.70～0.75	
	6	0.65～0.70	

续表

接地装置形式	接地体个数	冲击利用系数	注
深埋式接地（沿装置式基础周围敷设）	一个基础的各引线和回路间	0.7	带引线和闭合回路
	单柱式杆塔的各基础间	0.4	
	门型、拉线门型杆塔的各基础间	0.8	
杆塔的自然接地	拉线棒与拉线盘间	0.6	
	门型杆、拉线与单双杆间	0.7	
	单柱式杆塔的各基础间	0.4～0.5	
	门型、拉线门型杆塔的各基础间	0.8	
深埋式接地与装配式基础间	各型杆塔	0.75～0.8	
深埋式接地与射线间	各型杆塔	0.80～0.85	

三、计算举例

某变电站需做集中接地装置（见图 8－9），其计算用雷电流为 100kA，土壤电阻率为 $10^4\Omega\cdot cm$（干燥状态下测得）。

解：1. 接地装置由水平与垂直接地体组成，规格为 20mm×4mm 扁钢及 ϕ60mm 钢管。

2. 计算用土壤电阻率。

查表得：水平接地体 $\varphi=1.4$

垂直接地体 $\varphi=1.2$

因此 $\rho_s=\rho_0\times1.4=1.4\times10^4$（$\Omega\cdot cm$）

$\rho_s=\rho_0\times1.2=1.2\times10^4$（$\Omega\cdot cm$）

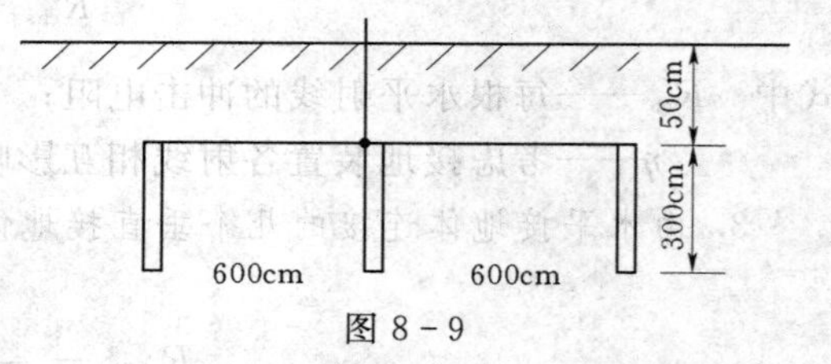

图 8－9

3. 稳定状态下的接地电阻

$$R_c=\frac{\rho}{2\pi l}\ln\frac{4l}{d}=\frac{1.2\times10^4}{2\times3.14\times300}\ln\frac{4\times300}{6}=34(\Omega)$$

$$R_s=\frac{\rho}{2\pi l}\ln\frac{2l^2}{bh}=\frac{1.4\times10^4}{2\times3.14\times600}\ln\frac{2\times600^2}{2\times50}=33(\Omega)$$

由于 $R_c\approx R_s$，故认为每个水平与垂直接地体流向大地的电流相同，即 $I=\frac{100}{5}=20$（kA）

由表 8－8 可知：当 $L=300$cm，$I=20$kA，$\rho_c=1.2\times10^4\Omega\cdot cm$ 时，取 $\alpha=0.5$

故 $R_{ch\cdot c}=\alpha R=0.5\times34=17$（$\Omega$）

又由表 8－9 可知当 $l=6$m，$\rho_s=1.4\times10^4\Omega\cdot cm$，$I=20$kA 时，$\alpha_s=0.68$，$\eta=1$

故 $R_{ch\cdot s}=\frac{\alpha_s R_s}{n}\frac{1}{\eta}=\frac{0.68\times33}{2}\times\frac{1}{1}=11.2$（$\Omega$）

全部接地装置的冲击电阻为

$$R_{ch\Sigma}=\frac{\frac{R_{ch\cdot c}}{n}R_{ch\cdot s}}{\frac{R_{ch\cdot c}}{n}+R_{ch\cdot s}}\frac{1}{\eta} \qquad (8-38)$$

$n=3$，且$\dfrac{a}{l}=\dfrac{600}{300}=2$，由表 8－10 得，$\eta=0.75$

故

$$R_{ch\cdot s}=\frac{\frac{17}{3}\times 11.2}{\frac{17}{3}+11.2}\times\frac{1}{0.75}=5\ (\Omega)<10\ (\Omega)$$

可见，此接地装置满足接地电阻要求。

思　考　题

1. 什么叫做保护接地、工作接地、过电压保护接地？请举例说明。
2. 人触电的伤害程度取决于什么？
3. 什么叫接触电压和跨步电压？如何限制这两种电压？
4. 在接触电压作用下通过人体的电流主要取决于哪些参数？
5. 当自然接地体的电阻不能满足允许值时，人工接地体的接地电阻如何确定？
6. 接地装置的接地电阻是如何确定的？

参 考 文 献

1 王世新．农村发电厂变电站电气部分．北京：农业出版社，1993
2 范锡普．发电厂电气部分．北京：水利电力出版社，1987
3 尹克宁．电力工程．北京：水利电力出版社，1987
4 湖南省电力学校．发电厂变电所电气部分．北京：水利电力出版社，1980
5 朴在林．35～110kV变电工程通用图集．北京：中国水利电力出版社，2001
6 徐腊元．农村电网无人值班变电所设计与技术应用．北京：中国电力出版社，1997

高等学校“十一五”精品规划教材

单片机原理及接口技术
电子与电气技术
电力系统分析
可编程控制器原理与应用
电力系统微机继电保护
电力系统继电保护原理
传感器与信号处理电路
数字信号处理
数字电子技术基础
发电厂动力部分
变电站电气部分
电机与拖动基础
控制电机
电磁场与电磁波
自动控制理论
电路基础
电工电子技术简明教程
工程力学（高职高专适用）
大学数学（一）
大学数学（二）
水资源规划及利用

水力学
灌溉排水工程学
水利工程施工
水利水电工程概预算
工程制图
工程制图习题集
机械制图
机械制图习题集
水利工程监理
水利水电工程测量
理论力学
材料力学
土力学
工程水文学
地下水利用
结构力学